城市空间布局与绿色低碳交通

潘海啸 著

U0340876

同济大学出版社
Tongji University Press

内 容 提 要

本书论述了城市交通与城市化,经济发展的关系,并通过对国际经验的分析和研究表明,城市空间布局和城市交通政策对城市交通的化石燃料消耗、CO_2 排放和城市环境质量有很大影响。书中的大量实证研究也表明在控制城市交通 CO_2 排放所面临的复杂性,所提出的理论框架、研究方法和实证分析结论可为绿色交通和城市规划的研究人员和城市规划管理人员所参考。

图书在版编目(CIP)数据

城市空间布局与绿色低碳交通/ 潘海啸著. -- 上海：
同济大学出版社,2015.12
ISBN 978-7-5608-6075-6

Ⅰ.①城… Ⅱ.①潘… Ⅲ.①城市空间-空间规划-研究
②交通运输业-节能-研究 Ⅳ.①TU984 ②F512.3

中国版本图书馆 CIP 数据核字(2015)第 277514 号

本书受国家自然科学基金(51478320)的支持
上海市高校服务国家重大战略出版工程入选项目

城市空间布局与绿色低碳交通
潘海啸 著

责任编辑 陆克丽霞	**责任校对** 徐春莲	**封面设计** 陈益平

出版发行　同济大学出版社　　　www.tongjipress.com.cn
　　　　　(地址:上海市四平路 1239 号 邮编:200092 电话:021-65985622)
经　销　全国各地新华书店
印　刷　同济大学印刷厂
开　本　787 mm×1 092 mm　1/16
印　张　7
字　数　175 000
版　次　2015 年 12 月第 1 版　　2015 年 12 月第 1 次印刷
书　号　ISBN 978-7-5608-6075-6

定　价　28.00 元

前　言

我国城市化的快速发展大大改善了人们的生活水平,社会经济活动类型的多样化,城市空间结构的不均衡性及人们活动范围的扩大,也导致人们对小汽车依赖性的增加。建立在小汽车交通基础上的城市,必然会导致一种高消耗的生活模式,恶化我们赖以生存的全球生态环境,带来严重的城市环境质量和环境品质的问题。

本书论述了城市交通与城市化、经济发展的关系,并通过对国际经验的分析和研究表明,城市空间布局和城市交通政策对城市交通的化石燃料消耗、CO_2 排放和城市环境质量有很大影响。本书中的大量实证研究也表明在控制城市交通 CO_2 排放所面临的复杂性,由于城市空间布局,交通系统建设与所涉及的软性要素如人们生活方式选择、城市管理能力和社会价值观之间相互作用和影响的微妙关系,仅仅依靠技术手段作用是有限的。

低碳绿色交通的实现不仅仅是交通工具的绿色化、城市空间和街区设计的绿化水平,更重要的是要平衡城市的经济活力、人们在城市中生产与生活联系的便捷性与生态系统的关系。紧凑高密的传统城市街区由于其历经时间浸润的空间机理与城市经济活动的高度耦合,可以大大减少人们对小汽车的依赖,传统的地面公共交通在这个地区并没有明显的优势。改善该地区的活力需要有高品质的公共交通服务以提高该地区的区域性公共交通可达性,给居住在这里的人提供更多就业选择的可能,也可以让在当地发展起来的服务能够为更大地域范围的人群服务,提高地区服务专门化的水平,从而衍生出城市的特色,传递城市的文化。

聚集和服务的专门化(或者说极化)是一个城市存在的重要理由。为了容纳更多的城市社会经济活动,城市空间的拓展也是不可避免的,这体现在城市外围地区人口的增加。新区的建设也难以隔断与城市中心区的,本地街区尺度的设计,难以保证跨越地区的通勤交通,研究表明人们交通方式的选择受到目的地端的管理和设计特征的影响更大,建立公共交通走廊,围绕公交走廊而不是快速干路网的新区建设更有利于跨区长距离交通方式选择的低碳化。鼓励绿色低碳交通的空间设计需要在区域、城市和街区三个尺度层面的统一和协调。

轨道交通对改善城市交通,引导城市空间发展的作用已受到人们的广为关注,在有足够客流量的情况下,轨道交通的地区人们交通出行的 CO_2 排放比无轨道交通的地区要低,在上海地区这对较高收入的人群影响更为显著。由于轨道交通站点地区住房有更好的市场增值空间,而我们的规划设计也并未考虑对轨道交通出行依赖者或轨道交通使用偏好者的特点进行设计,这就难免会出现高收入者住在轨道交通站点附近,但他们并不使用轨道交通这种我们所不希望看到的现象,也就是侧重物质空间的 TOD 的规划设计、城市设计并不能保证 TOD 使用特征的出现。所以规划设计和管理的措施应该更加精细化,城市规划设计不仅要与城市规划管理结合,也要与交通需求管理结合与住房政策和财政手段相结合。

发达国家的研究表明,交通出行中 CO_2 排放存在着明显的不均衡性,即"40-60"的排放规律,也就是 40% 的交通出行,排放了 60% 的 CO_2。上海的研究表明,在上海,人们交通出行中 CO_2 排放极化的现象更加显著,呈现出"20-80"的规律,也就是 20% 的出行者,80% 的 CO_2 气体。所以,我们更需要对这部分 20% 的群体更有效的策略。轨道交通的长线布局不可避免地会出现细"长鼠尾"的现象,也就是在城市中心区轨道交通客流高度密集,而在距城市中心 15~20 km 客流迅速衰减的现象,缺乏一定的客流量,轨道交通也就失去其作为绿色交通工具的意义。当然这种长线的建设有利于投资分配的空间平衡,问题是我们一定要这么大的生态和经济的代价吗? 5D 多模式平衡性绿色交通体系的建设显然有助于我们找到更加合适的平衡点。希望本书中的研究和观察能对低碳城市和绿色交通建设具有一定的促进作用。

参与本书相关内容研究及编写的人员还有如下,在此深表感谢。

第二章:汤炀,吴锦瑜,卢源,张仰斐,黄昭雄等

第三章:姚胜永

第四章:魏鹏

第五章:魏鹏,刘峰成

第六章:沈青(美国),张明(美国),刘贤腾,刘冰,John Zacharias(加拿大),廖雄纠

第七章:刘峰成,吴锦瑜,许明才,魏鹏,叶松,邵玲,卞硕尉,祁毅(南京大学)

第八章:魏鹏,葛艳波,张超

第九章:魏鹏

第十章:魏鹏

目　　录

第1章

城市化与多模式平衡型绿色交通

1.1　快速机动化的交通拥挤和环境问题

当前我国新型城镇化发展快速兴起,如何加快城市转型,走节能减排与可持续发展的道路,是我国新型城镇化面临的迫切问题。2014年发布的《国家新型城镇化规划(2014—2020年)》中明确提到"坚持生态文明、绿色低碳的原则,把生态文明理念全面融入城镇化进程,着力推进绿色发展、循环发展、低碳发展"。李克强总理也要求我们要实现的新型城镇化,必然是生态文明的城镇化。要以节能减排作为结构调整和创新转型的重要突破口,加快发展循环经济、节能环保和绿色低碳产业。

"新型城镇化"和"城镇化"有着本质的区别,在城市规划建设上,就是要转变过去粗放的发展方式,走资源节约、环境友好、低碳生态发展之路,建设生态文明社会[1]。

与许多世界大城市发展的历程一样,我国大中城市都面临着城市交通带来的巨大挑战。城市经济的快速增长导致更多的人员和物流需要快速流动,多样化的交通需求和对交通出行的质量及时间的要求,及人们对城市空间和机动性管理的缺失,导致对私人机动交通工具需求的增加。

同时,快速机动化所带来交通问题又因城市布局和机理而加剧,因为我国很多大城市是在非机动化交通方式的基础上发展起来的,这些城市形成了用地的高密度和狭窄且复杂的道路形式。这种城市布局本身给人们方便地交往创造了物质基础,形成了特殊的历史文脉。但这种布局很难适应快速的小汽车交通模式。而在一些城市新区,其建设过度强调功能分区和城市骨干道路的建设。单一的功能划分,如外围大型居住区和开发区的建设及以拉开框架为口号的过度超前的道路建设,已经导致城市发展对小汽车的过度依赖。小汽车的过度使用不可避免地导致这些城市中的空气污染、噪音、交通拥挤、交通安全、城市无序蔓延以及城市历史空间的割裂和肢解问题,城市的可持续发展面临巨大的压力和挑战。从理论上分析我们可以得出城市能源消耗或 CO_2 的排放与城市道路框架规模的关系不是简单的线性关系,而是平方级的关系。这是由于道路框架规模越大,维持城市正常运行的成本越高;同时,道路框架规模越大,小汽车的使用越强度和出行里程的增加又将会导致能源消耗的增加。由于化石燃料的有限性,建立在小汽车基础上的城市交通将不是可持续发展的。新能源车辆或许在未来会部分取代传统汽车,但这并不能解决城市道路框架规模过大所带来的城市资源消耗。所以,生活方式和交通出行方式的转换,小汽车的有效使用是实现绿色交通的一个根本目标。

1.2 城市化与小汽车化

城市交通与城市环境问题的关系如图 1-1 所示。经济发展、城市化进程的加快和城市生活水平的提高都会对城市交通系统提出更高的要求，小汽车的过度发展必将会影响到城市的环境和消耗能源，从而影响城市的可持续发展。

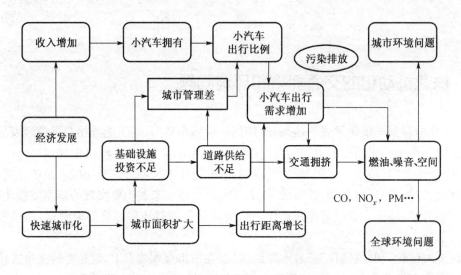

图 1-1 城市、城市交通、资源和环境问题

注：根据日本名古屋大学 Hayashi 教授的演讲修改。

我国城市特别大城市对交通问题一直保持高度的关注，城市交通建设的长期滞后，过低的城市道路建设水平和高等级城市道路的缺乏，使人们确信必须进行大规模和高强度的城市道路建设但城市交通，当然这首先是方便了小汽车的使用，只所以今天人们的出行越来越愿意选择小汽车，很大程度上是由于城市规划和交通建设许多方面都是从如何方便小汽车使用的角度出发的。大广场、大绿地、大马路的建设模式，一些城市政务中心采取大片绿地围绕的低密度建设模式，既为今天小汽车的使用带来方便，同时也为未来小汽车使用的持续增长留下了空间，今天如果我们继续按照这个模式建设就将离绿色交通和低碳城市的目标越来越远。我们的许多城市的新区建设恰恰依然是采用道路导向的建设。Robert Cervero[1]教授（2010）研究了中国郊区化对就业可达性、通勤方式选择和通勤时耗的影响，研究发现：居民迁居至郊区后其就业可达性下降很快，与之相伴的是机动化出行比例及通勤时间的大幅度提高。因此，城市低碳交通应该是在满足人们生活方便性与生活质量提高的同时，最大限度地减少城市生活中 CO_2 的排放。并且控制小汽车的过度使用是实现低碳交通的一个基本出发点。低碳交通的建设有利于城市环境品质质量的提高，减少城市资源消耗，控制地方性与全球性的污染。所以在我国城市空间结构调整时期，必须首先从城市规划中加以考虑，大力提倡绿色交通系统，实现城市空间布局与绿色交通体系的耦合。

1.3　多模式平衡型绿色交通的 5D 模式

城市交通以客运为主,私人汽车、出租车是能耗主体。城市交通发展尤其是快速的机动化导致能源消耗的逐年增长,在城市能源消耗中,很多国家的交通运输能源消耗量约占全部终端能源消费的 1/4～1/3,占全部石油制品消耗量的约 90%[2]。根据国际能源署的数据计算,运输部门 CO_2 的排放量占总排放量的 25% 左右。

欧洲对城市交通的节能减排也非常重视(表 1-1),主要通过"减少(无效交通需求)"、"转型(促进低碳客运模式发展)"、"提高(能源利用效率)"三大策略来提高城市交通的能源利用率,促进低碳城市交通系统的实现,具体通过规划、管理、技术、经济、信息等措施来推进实施。

表 1-1　　　　　　　　　　绿色低碳交通的实现途径

		实现途径		
		避免: 减少交通出行需求	转换:降低每个 运输单位(人/货物)的出行排放	改进: 改善每公里出行排放
实施 领域	规划	TOD 发展 紧凑城市 智能城市 近捷城市	公交优先 综合大运量交通系统 停车管理 交通可达性管理 非机动化交通 公众意识	低碳排放汽车 可再生能源使用 物流效率管理 智能交通系统
	管理			
	经济			
	技术			
	管理			
	信息			

对于我国现阶段,可以通过以下城市交通的节能减排策略。

(1)交通出行的总量和交通能耗和碳排放的关系最为密切。在人口规模持续增长的情形下,不同的城市空间形态对应的交通出行方式结构是不一致的,其产生的交通能耗和碳排放也是不一致的。城市结构和土地使用形态的是否合理是减少交通需求的关键。建设紧凑型的城市形态,提倡土地混合使用,以减少交通出行,特别是远距离的小汽车出行。此外,可以利用现代信息技术的服务交通,实现跨空间的交流,也能对交通出行的需求起到调节作用。

(2)地面公交、地铁等公共交通出行方式以相对较少的能源承担了较大一部分客运周转比重,在载客量较高的情况下,其人均能源消费和碳排放明显低于私家车,因此应该将其作为优先发展的对象。值得一提的是,城市客流有着明显的潮汐现象和城区与郊区客流特征差异性,公交和地铁的建设需要避免出现低效行驶,正是由于城市社会生活多样性和价值观念的变化,要求我们建立多模式平衡型绿色交通体系。

(3)交通的畅通,人们在城市中能够及时抵达上班、上学或业务活动的目的地很大程度上取决于我们在规划布局和设计中,如何考虑不同交通出行方式的优先次序。为此作者提出中国绿色城市交通 5D 模式[3],也就是 POD>BOD>TOD>XOD>COD。在这里第一是POD,以步行为导向的设计和规划,就是城市空间和步行环境的设计要大于以自行车为导向的设计和规划(BOD)。第三是TOD,今天很多城市都认识到TOD(以公共交通为导向的设计和规划)的重要性,进行轨道交通的建设和BRT的建设。第四,XOD,就是以准公交系统为导向的规划建设,如后面提到的PRT系统,或汽车共享、合乘,当然XOD也包括形象工程为导向的规划设计,我们的规划建设很多时候都是考虑形象,但更重要的是要考虑与POD,BOD和TOD的关系,大规模形象工程的建设如政务新区往往会导致严重的小汽车交通量的增长。第五,最后才是COD,也就是以方便小汽车的使用为导向。

(4)步行和自行车交通是最低碳的出行方式。通过比较研究,我们还发现相当一部分的私家车出行,实际上是可以用步行和自行车来代替的,由于我国城市人口密度高,在城市中心区就业岗位也高度聚集。提倡这两种出行的方式,可以将人们从现代化的运输设施中解脱出来,是一种自由度更高,更加健康,同时也更加节能减排的交通方式。提倡步行和自行车,也是基于我国城市具有高密度和土地混合使用的特点。城市交通与土地使用的5D发展模式,也就是POD>BOD>TOD>XOD>COD,是将以人为本作为城市交通规划的先导,把步行和自行车方式放到了优先位置。因此,我们应当优化城市步行和自行车的交通出行环境,让人们的出行向节能减排的方式转变。

除此之外,作为慢速交通的新型交通方式,电动自行车同样是一种较低碳的方式,然而现在对电动自行车的管理还未到位,为了是电动自行车能够有序发展,相关部门需要尽早出来相应的管理方案。

参 考 文 献

[1] ROBERT C. ,Day J. Effects of Residential Relocation on Household and Commuting Expenditures in Shanghai[J]. International Journal of Urban and Regional Research,2010,34(4):762-788.

[2] 齐玉春,董云社. 中国能源领域温室气体排放现状及减排对策研究[J]. 地理科学,2004(5):528-534.

[3] 潘海啸. 低碳城市交通与土地使用5D模式[J]. 建设科技,2010(17):30-32.

第 2 章

低碳城市的空间规划策略

　　1987 年,联合国环境与发展委员会在《我们共同的未来》一书中正式提出可持续发展(Sustainable Development)概念——"既满足当代人的需求,又不对后代人满足其自身需求的能力构成危害的发展"。能源短缺问题和 CO_2 排放所造成全球气候变化将会对全球的生态环境变化带来不可逆转的影响,所以这是一个影响全球生态环境的问题。2003 年,英国政府将低碳经济(Low Carbon Economy)作为一种新的发展观,写入政府能源白皮书[1]。之后许多城市开始以"低碳城市"作为城市发展的目标。低碳城市发展是指城市在经济发展的前提下,保持能源消耗和 CO_2 排放处于较低水平[2]。

　　研究表明由于城市空间结构的锁定作用,西方国家城市交通所需要消耗的能源及排放的 CO_2 和其他温室气体总量增长迅速而且十分难以控制。技术的进步虽然能减少小汽车的能耗水平和废气排放量,但是如果人们生活质量的提高和社会经济的发展与小汽车使用的锁定关系依然成立,技术进步的作用将很快被抵消。在我国城市化进程加快和城市机动化水平迅速提高的情况下,如果不采取有效的规划策略,未来全球石油资源供应的不确定性和环境问题都将会制约我国城市的发展。

　　城市规划对于城市发展有长期的、结构性的作用。城市的物质环境一旦建立起来就很难改变,并对人们的社会生活和经济活动产生深远影响,如图 2-1 所示。通过产业结构调整、健康的生活方式和技术革新可以减少在生产、生活与消费领域的能源消耗与 CO_2 的排放,但是这些措施并不能改变由城市空间结构布局所带来的交通出行及其相应的能耗与排放,一旦城市规划决定的城市空间结构得以确立,则对其引起的交通出行进行结构性的调整将是非常困难的。

　　中国的城市规划经过多年发展,已经成为了保证城市健康有序发展的重要基础。城市规划应当积极响应"低碳城市"的目标,在特殊的经济快速增长期和规划引导

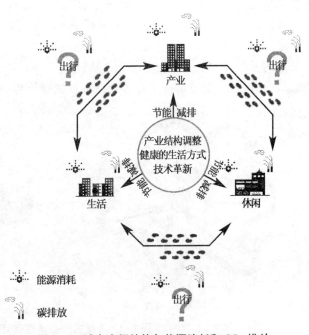

图 2-1　城市空间结构与能源消耗和 CO_2 排放

作用的背景下,如果能够保证执行可持续的城市规划策略,则中国的城市也许能够把握住完全不同于西方的可持续发展的重大机遇。

引导城市产业结构的调整,促进循环经济的发展,应用先进的技术手段和采用严格的环境保护措施是实现"低碳城市"的重要策略,这在相关领域已有大量的研究[3]。这里我们将从区域规划,城市总体规划和居住区的详细规划三个层次的空间规划入手,以城市交通系统与土地使用的互动为线索,努力通过层层解析,探讨中国"低碳城市"的空间规划策略。

2.1 低碳城市目标下的区域规划

随着城市化进程加快,人口加速向城市转移,城市向周边区域蔓延,内部功能转变,人口外迁和工业园区建设,使得城市的生活、就业活动范围扩大,城镇间联系密切,伴随日益增长的交通出行需求。在一些发达国家都市区外围的交通出行强度要远远大于核心城市,由于缺乏有效的空间规划策略,同时由于出行距离长,公共交通服务质量低下,小汽车出行往往占绝对的比例,这是西方国家城市交通出行能源消耗居高不下的重要原因。

目前我国的城镇体系规划、国土利用规划和区域发展规划分别有多个不同的编制主体,且空间规划与交通规划又分属不同部门负责,所以规划之间横向纵向衔接差,严重削弱了规划的整体性。并且区域规划编制中存在浓厚的计划经济观念,规划控制力弱。区域规划的弱控制,如图 2-2 所示,将会导致高车公里和高能耗的结果。

在区域层面,规划的一些理念值得进一步推敲。在区域规划中常采用如图 2-3 所示的简单的卫星式向心结构的多中心的城镇空间组织形式,希望交通出行主要产生在各级城镇内部。

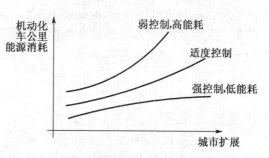

图 2-2 城市规划控制强弱结果比较

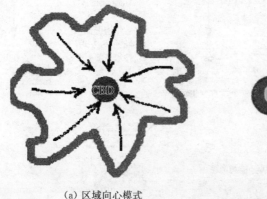

(a) 区域向心模式   (b) 区域向心规划结构

图 2-3 卫星式向心结构空间组织形式

而由于区域乡镇的发展多依托于公路网络[图 2-4(a)]，在这样的结构下人们的出行将更多地趋向有利于小汽车的方式，从而使得交通出行随机地散布在整个区域空间内，如图 2-4(b)所示，呈现一种无序状态。

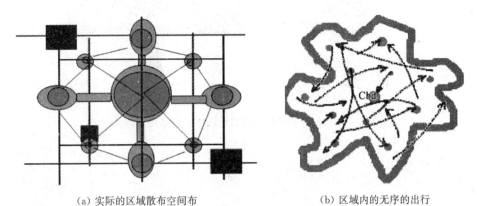

（a）实际的区域散布空间布　　　　　　　　（b）区域内的无序的出行

图 2-4　依托公路网络的区域乡镇发展模式

在无序出行已形成的前提下，重新组织区域的空间结构和交通体系(图 2-5)，将是一件非常困难与艰巨的任务。区域空间规划策略的任务就是引导区域的交通出行向如图 2-6 所示的更加有序的方向发展。

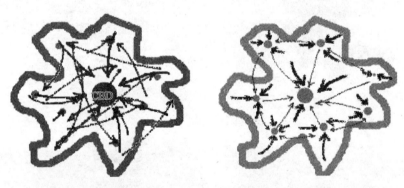

图 2-5　区域结构的调整　　　　　**图 2-6　理想的有序结构**

"城乡统畴发展战略"是国家规划的重要任务之一，也将最大限度地方便和满足城乡居民的出行。同时，随着大城市空间的扩张与蔓延，原本二元化的城市与原先称之为"乡"的周边区域的交通需求大大增加。我国区域交通往往建立在"县县通高速"、"村村通水泥"的评价标准上。随着经济发展水平的提高，这样易于最终转变成为小汽车主导高能耗的空间发展模式。

我们认为在中国更合理的都市区发展模式应是结合有轨道或区域公共交通导向的走廊式发展模式，通过空间整合与控制小汽车的使用，从而达到节约能源的目的，如图 2-7 所示。

丹麦哥本哈根地区的指状发展是上述模式的典型案例(图 2-8)。它是建立在轨道交通的基础上，规划规定轨道交通车站周围 1 km 范围内所有的地块都被划为城市建设用地。轨道交通车站周围土地被允许的最高建筑密度也有大幅度的增加，并用建筑密度奖励的杠杆来支持站点周边的商业地产的开发。[4]

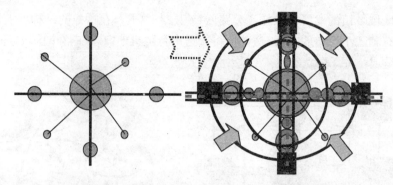

图 2-7　从多核卫星状到公交走廊模式的区域空间结构

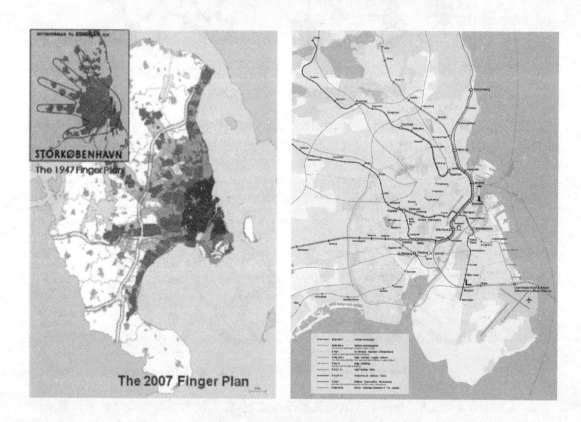

图 2-8　哥本哈根的区域空间结构与轨道交通网络

　　2007 年《中国中心城市可持续交通发展年度报告》中提出以城乡客运一体化来取代原先单一考虑公路道路的城乡交通发展模式。成都市适时进行交通管理体制改革,郊区基本实现镇镇通公交,外围重点镇公交通达率为 70%。[5]浙江省绍兴市也提出了争取用 5 年左右的时间,建立城乡互相衔接、资源公享、布局合理、方便快捷、畅通有序的公交新网络。2006 年,我们编制完成了绍兴城乡公交网络的调整规划,并马上得以开始付诸于实施,在 2 年不到时间内该体系已初具规模。[6]

　　同时,区域规划要强调区域公交网络与区域空间布局模式相适应,如果采取公交走廊模式而区域空间布局上仍是基于格网状道路网的散布方式,则很有可能将使结果向有利于机动车出行的方向倾斜。罗伯特·瑟夫洛曾将大斯德哥尔摩地区与旧金山湾区进行对比,虽然两个地区拥有规模相当的区域轨道交通系统,但由于旧金山湾区郊区轨道车站附近鲜有土地集聚开发的行为,对比结果显示一个典型的旧金山湾区居民每个工作日的机动车出行里程是大斯德哥尔摩区域居民的 2.4 倍,旧金山湾区居民出行的距离为 44.3 km,而大斯德哥尔摩区的平均出行距离为 18.4 km。[4]

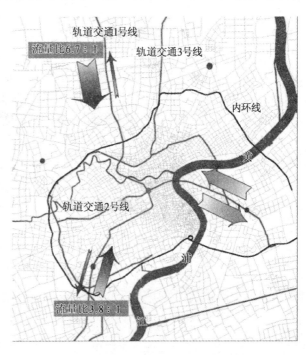

图 2-9　上海轨道交通高峰出行不平衡的流量对比

此外,区域空间结构的调整应当配合就业、居住的规划才能共同实现"低碳"的城市发展目标。在传统的同心圆理论指导下,居住大量向城市外围迁移,但是由于工作岗位没有相应的变化,所以区域出行呈现单向长距离的特征。以北京为例,2005 年北京居民出行距离达到 9.3 km/次(不含步行),比 2000 年提高 16.25%。[5]上海的地铁 1 号线高峰时段的双方向流量比最高达到了 6.7∶1(图 2-9)。可以设想在郊区,甚至远郊区工作者的收入一旦提高以后,个人机动化发展的规模和速度都将是惊人的。

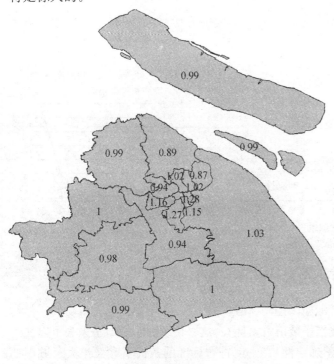

图 2-10　上海各区居住与就业平衡状况图

传统规划理论中强调的一个就业居住平衡的城市和功能上的"自我平衡"被验证并不能降低对机动车的依赖,而应是利用高效的公交系统将各城镇有效地连接在一起形成区域平衡。如斯德哥尔摩就比强调独立平衡的英国新城米尔顿凯恩斯(Milton Keynes)的小汽车使用率低。米尔顿凯恩斯绝大多数的就业人口在当地工作,但其中有大约 3/4 的人使用小汽车通勤,仅有 7%乘坐公共交通。[4]

如图 2-10 所示,上海城市外围地区的居住与就业平衡的状况比在城市中心要好,但外围地区机动车出行比例中,小汽车的比例更高;在中心区职住平衡水平较低,小汽车所占的比例较低。根据 2009 年上海城市交通调查的数据计算,上海全市小汽车与公共交通使用的比例为 79%,而中心城市仅为 56%。

2.2 总体规划下的低碳城市空间结构

在城市总体规划的引导下构建低碳的城市空间结构首先应注意城市密度的问题,越来越多的研究已证明通过密度控制可以实现城市的紧凑发展,从而减少出行,达到"低碳发展"的目的。1996 年,联合国在伊斯坦布尔第二次人类居住区会议上为今后的城市发展明确了方向:即综合密集型城市。[7]如图 2-11 所示,世界上以小汽车出行为主导高能耗城市无一不是低密度的。

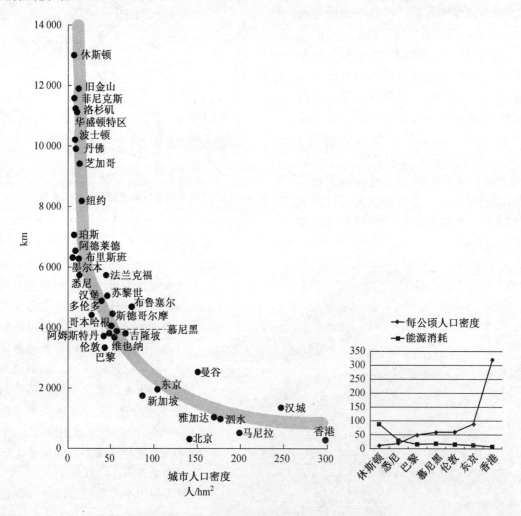

图 2-11　城市密度与小汽车使用及能耗的关系

在中国,通过严格的城市密度指标加以控制,在过去的几十年中总体上是成功的。但是在最近的一段时间,由于土地经济被当作城市致富捷径,这一传统的手段似乎失去了以往的作用,乐观人口预测(人口预测存在不确定性)在密度符合标准的条件下大大扩大了城市的用地范围,其结果是城市实际密度变小了。从 2003 年开始,全国人均城市建设用地就已经超过了《城市用地分类与规划建设用地标准》所规定的上限(120 m²/人)。[8]

出于对城市蔓延的忧虑及在中国城市发展应走紧凑型道路的共识,规划方面希望通过城市增长方式的调整来控制城市的无序扩张,其中最典型的就是绿环或绿带边界的控制。在北京的总体规划中,规划师希望通过城市绿环的方式来控制城市的增长(图 2-12),制定出一条如"精明增长"理论所说的"城市增长边界"(Urban Growth Boundary)。1994 年,北京市政府正式批准了首都规划委员会办公室的《关于实施市区规划绿化隔离地区绿化的请示》,这一选择受到田园城市规划思想的影响,但是实际的结果并没有向规划师设想的方向发展,到 2003 年 5 月,北京市的绿化隔离带中已建有 30 多个楼盘项目。[9]

由于人口和发展的不确定性,绿环绿带的增长控制方式使得外围发展更倾向于选择新城或是卫星城。然而由于孤立的新城与中心城实际空间距离增大,不利于组织公共交通,结合前文叙述的以道路网为主的弱控制的区域发展模式,将最终促进小汽车的使用。

我们认为更值得鼓励的是以绿楔间隔的公共交通走廊型的城市空间扩张方式,将新的开发集中于公共交通枢纽,有利于公共交通的组织,实现有控制的紧凑型疏解,实现"低碳城市"的目标。并且可以结合城市发展的实际需要在走廊方向进行分段分时序的开发(图 2-13)。[10]

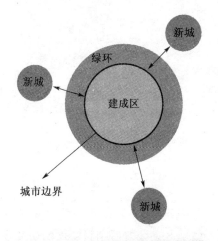

图 2-12　通过绿环控制城市用地规模

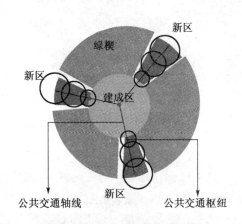

图 2-13　绿楔的城市发展模式

其次,城市的空间形态在很大程度上是由城市的交通体系所决定的。一定的城市空间结构需要有相应的交通结构体系,低碳生态型城市的空间结构的形成需要有绿色交通体系的支撑。交通体系本来就是城市空间结构体系中不可分割的一部分。

研究普遍认为,可持续发展交通土地利用规划的一般法则是:减少出行的需求和出行距离,支持步行、骑自行车、公共交通和限制小汽车的 5D 发展模式。[11]我国提出了优先发展公共交通的国家政策,但是应当明确的是,公共交通的优先应首先保证在重要的交通走廊上的优先,全面的公交优先是难以实现的。

而在整体的交通方式构成中尤其应当注意的是自行车交通。在荷兰,超过 30％的所有出行和大约 1/4 去轨道交通车站的出行都是骑自行车的。[4]但是在自行车依然普遍使用的上海,人们骑自行车到轨道交通站点进行换乘的比例不足轨道交通乘客的 10％[12]。在中国,众多的城市计划着或正在设计建设轨道系统,但是众所周知的是轨道建设投资巨大,如果能将轨道网络与自行车系统结合起来则可以大大地扩大轨道的服务范围,也可以压缩轨道交通的规模,从而节省资金和资源[11]。

自行车交通在我国的主要城市中的重要作用在世界上都是少见的,中国城市必须坚持推动自行车的使用,特别是如何在城市空间规划中保持自行车使用的环境(如小尺度街区,土地的混合使用),而不仅仅是"给出路"的单一自行车通道建设。放弃自行车就是放弃中国城市可持续发展的未来。同样作为国际化大都市,巴黎推行的新型自行车体系(图 2-14),受到广泛的称赞。值得注意的是这种创新性的交通体系是首先在一些小城市引入的,1998年位于法国北部的城市雷恩首先建立了智能公共自行车系统,直到 2007 年巴黎引入公共自行车后,公共自行车系统才在国内受到重视[13]。国内目前也有超过一百个城市引入城市公共自行车系统,当然通过调查我们也发现机制设置和运营组织是城市公共自行车系统能否持续发展的关键。

图 2-14 巴黎的城市自行车租赁体系

最后我们要强调,低碳城市的土地使用规划的 3 个重要原则。

1. 以短路径出行为目标的土地混合使用

短路径的城市只有通过功能的多样性和多种功能的混合实现。[7]混合式的土地使用能鼓励乘坐公共交通,罗伯特·瑟夫洛对美国 59 个大型郊区办公发展项目所做的研究发现在楼板面积中每增加 20%的零售和商业活动,会引起小巴共乘或公共交通的出行比例增加4.5%。[4]简·雅各布斯关于一个健康城市的秘方是"一个错综复杂又富有条理的多样化土地使用,使得彼此间无论是在经济上还是在社会中都不断地相互扶持。"

这里应当注意的是城市总体规划中现在仍在延用的功能分区方法,这一方法无疑容易导致一种误读,即每一个功能区的单一用地性质。另一个应当注意的问题是土地混合使用的目标是增加短路径出行,而如图 2-15 所示,虽然表面上是土地混合,但是仍不能保证避免从居住地点至工作

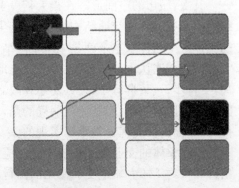

图 2-15 土地混合使用

地点的红色线条所示的长距离出行,所以应提倡"有效混合"的概念,尤其是为了减少长距离的工作出行。

2. 适合行人与自行车使用的地块尺度

关于城市地块尺度,我国城市中的大街坊,大马路的建设模式更倾向于产生小汽车导向的街区。有关地块合理尺度的讨论从来就没有中断过,美国的研究反映美国人每日步行的距离是非常有限的,安德曼恩发现 70% 的美国人每天因公事步行 150 m;40% 步行 320 m;只有 10% 的美国人会步行 800 m。[14] 中国居民日均步行距离要高于美国,北京的调查发现北京公交平均换乘距离在 350 m 以上,其中 16% 的乘客换乘距离超过 1 km,30% 以上的换乘距离超过 500 m。公交乘客两端步行时间分别为 7.95 min 和 8.41 min(530~560 m),步行距离过长,这当然与街坊的尺度太大有关。

对于自行车道路间距研究的案例是荷兰的代尔夫特(Delft),该市创建了整个城市范围的网络,独立的自行车道形成 400~600 m 长的长方格形。更为细密的自行车路径网用于社区内的出行,结果自行车的速度大大提高,同时事故减少了。1998 年的数据显示,该市居民所有交通出行中 43% 是骑自行车,26% 是步行。[4] 合理的尺度也为拥有更多的自行车捷径提供了可能性。

土地混合使用应当与合理的地块尺度相结合,荷兰的奥尔莫里社区与英国小汽车主导的新城米尔顿凯恩斯(Milton Keynes)相比,奥尔莫里社区以较小的格状式街道为特色,有大量的人行道和自行车道,一个禁止小汽车行驶的镇中心和一个相互依存的混合土地利用模式,1991 年该区所有出行中驾车出行的比例为 42%,而米尔顿恩斯是 2/3,且奥尔莫里的平均出行距离要短 25%。[4]

如图 2-16 所示,城市的密度随距市中心的距离而变化。同理,地块尺度也是随着距城市中心的距离而变化,距城市中心越远,街区的尺度越大,但是这一尺度不宜过大,距市中心距离达到一定的临界距离的时候应当重新组织用地,建立以公共交通枢纽为依托的新中心,规划步行与自行车友好的地块尺度,如图 2-17 所示。

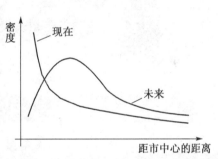

图 2-16　城市密度的未来变化趋势

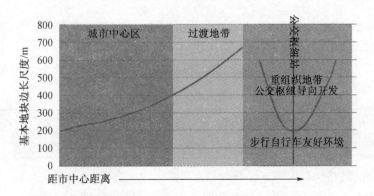

图 2-17　城市中心、公交枢纽和街区的尺度变化

3. 以公共交通的可达性水平来确定开发强度

在城市总体规划中城市的交通方式与交通网络得到基本确定,也就确定了城市不同区域公共交通可达性的强弱。以公共交通导向的城市结构鼓励大型城市公共设施集中的城市区域中心与公交枢纽的结合。改变以传统中心地理论指导的城市结构,转向多极网络嵌套理论。但是在目前总体规划与控制性详细规划阶段,各级城市中心位置和开发强度的确定,存在很大的随意性,并没有意识到以公共交通的可达性为依据的重要性,并且可能导致鼓励高能耗的出行方式或严重的交通拥挤。为此我们在相关研究中提出空间耦合一致度的指标[15]。在上海龙之梦商业中心(图2-18)的案例中较好地体现了这一原则,从而使上海中山公园地区在很短的时间内成为了重要的地区中心。

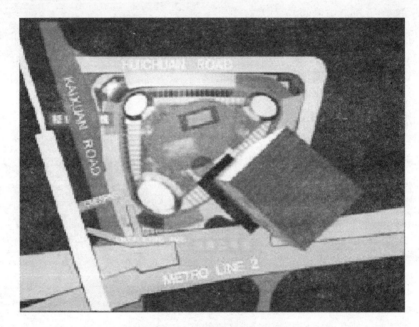

图 2-18　上海龙之梦商业中心

2.3　居住区规划与低碳城市

在未来30～50年将会有更多的农村人口进入城市;城市不仅需要更多的就业岗位、更大容量的基础设施,同时也需要更多住房,人均住宅面积也在增加(表2-1),城市住房建设总量不断加大。不断增加的住房需求,对城市结构、形态以及"低碳城市"的发展均有重大影响。

表 2-1　　　　　　　　　　中国城市人均住宅面积变化

年份	1989	1997	2004	2005
全国城市人均住宅建筑面积/m²	13.5	17.8	25.0	26.1

1994年国标《城市居住区规划设计规范》(GB 5018—93)规定各种居住区的规模以及开发强度(低层、多层和高层),避免了用地的随意浪费,保证城市发展保持一定的紧凑度。全国的气候区区别规定了住宅在日照方面的最低要求。对配套的公共设施标准做出了规定,

对提高我国城市的居住水平起到了非常积极的作用。

比照"低碳城市"的目标,当前我国的居住区设计中主要存在两方面的问题:一是由于《城市居住区规划设计规范》(以下简称《规范》)的不足所产生的;二是居住区规划设计本身所存在的问题。

目前,城市居住区规划设施配套所依据的"设计规范",已经滞后于城市居住空间发展的需求。由于现有规范制定于计划经济与市场经济过渡时期,过于标准化的限定,且忽略物质指标与社会、居民生活之间的实际关系及市场规律的作用,它已不能适应近年来住宅建设的市场化运作需求。当前在居住区公建配置时常常出现一些困惑,而规范并没有对于配套设施灵活性和地区差异性方面给出指导。

以小学为例,许多小区并未按规定进行建设;也有部分小区建设了小学,但小学运营状况不佳,很多处于停运状态,或改作他用。究其原因,计划生育制度导致了人口年龄结构的变化,进入 20 世纪末期,中国家庭小学适龄儿童基本为独生子女(中国 1978 年开始实施计划生育),小区配建小学对于人口年龄结构逐步老化的中国来说,是不切实际的。另外,现代家庭越来越关注于子女教育问题,常常因学校教育质量差异不采取就地入学,而选择教育质量较好的学校,这就产生了大量不必要的相对长距离的交通,同时,学校的布局没有考虑与公共交通的衔接,从每天上学、放学时间,各个学校门口挤满的小汽车就能了解这种趋势。当然对社会安全和交通安全问题的担忧也是重要的原因(图 2-19)。

图 2-19　某校放学后校门前小汽车的拥挤

《规范》规定停车率不小于 10%,但未规定上限;《规范》规定"居民停车场、库的布置应方便居民使用,服务半径不宜大于 150 m",这些规定无疑是建立在鼓励小汽车使用的基础上的,不利于推广节能低碳的出行方式。

此外,在居住区详细设计中也存在几点较为明显的问题。

1. 居住区的用地规模越来越大

城市建设过程中大地块的开发在诸如整体交通组织、绿化等方面有一定的优势,但也存在很大问题。小区具有明确的界限和出入口进行封闭管理,使公共交通被挡在社区之外,这为居民出行带来了很大不便。大地块在一定程度上鼓励了私人小汽车的出行而减少了步行和自行车出行,居住区内大量的交通出行流由小区出入口集中流向干道,导致交通拥堵,增加了能源的消耗与尾气的排放(图 2-20)。

2. 单一的用地功能

单一的用地功能与大地块共同产生了"巨型居住社区"。其内部的主要功能为居住,较少考虑用地的混合和在一定区域内提供足够的就

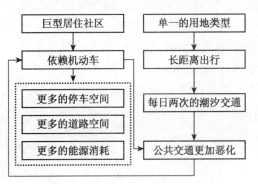

图 2-20　大街区以及用地单一对于城市发展影响分析示意

业岗位,导致城市中大量的钟摆交通与长距离通勤,进一步导致城市交通的拥堵,进而增加了交通的能源消耗。如上海的安亭新镇(图 2-21),占地约 5 km²,一期占地 2.38 km²。建设采用了多项先进的节能环保技术,与传统的住宅相比,在建筑负荷、能源消耗、住区排放上都有大幅度的改善。但是安亭新镇用地性质单一,缺乏必要的服务设施和就业岗位,导致居民生活通勤交通长。其中,公共交通非常不便,乘坐公共汽车到市中心上下班需要 1.5~2 h 左右。由于公共交通在线路和时间上的不便,而小区靠近高速公路出入口,小汽车反而方便,居民上下班主要依靠出租车和私人小汽车[16]。建筑上的先进技术节约的能源又被交通上的能源消耗所抵消。

图 2-21　安亭新镇规划总平面图

3. 郊区大量的低密度的居住区

在郊区,由于地价相对较低,开发强度也较中心区低,甚至出现低层低密度的别墅型住宅区。同时,处于公共交通运营的经济性考虑,郊区公共交通网一般较疏。低密度的住宅开发和较疏的公共交通网络必然会导致大地块、公共交通出行比例的较低、私人小汽车使用比例高等问题。过低的开发密度对于土地集约使用、私人机动车的使用也存在较大影响。美国学者 John Holtzclaw 在对旧金山湾区的情况进行研究后得出结论,在居住密度达到一定程度时,机动车交通出行量开始下降,同时公交和步行的比率上升。

参 考 文 献

[1] DTI. Energy white paper our energy future—creating a low carbon economy[R]. UK, DTI, 2003.

[2] 金石. WWF 启动中国低碳城市发展项目[J]. 环境保护,2008,2A:22.

[3] 郑明亮. 基于产业结构战略性调整的城市化发展思路[J]. 统计与决策,2005,5:96-98.

［4］罗伯特·瑟夫洛.公交都市［M］.宇恒可持续交通研究中心,译.北京:中国建筑工业出版社,2007.

［5］中国中心城市交通改革与发展研讨会学术委员会,交通部科学研究院中国城市可持续交通研究中心.
　　中国中心城市可持续交通发展年度报告［M］.北京:人民交通出版社,2007.

［6］王瑾.绍兴城乡公交一体化改造之路［J］.运输经理世界,2007,07:65-67.

［7］黄琲斐.面向未来的城市规划和设计［M］.北京:中国建筑工业出版社,2004.

［8］汪军.城市规划用地控制方式的更新对策［D］.上海:同济大学建筑与城规学院,2007.

［9］李雪研,李霄峰.绿化隔离带地区楼市异军突起［N］.北京日报,2002-11-20.

［10］GTZ 德国技术合作公司.可持续发展的交通——发展中城市政策制定者资料手册［M］.北京:人民交
　　通出版社,2005.

［11］潘海啸.低碳城市交通与土地使用 5D 模式.建设科技,2010(17):30-32.

［12］轨道交通站点换乘的调查［R］.上海:同济大学城市规划系,2007.

［13］Brain Richards.未来的城市交通［M］.潘海啸,译.上海:同济大学出版社,2006.

［14］迈克尔·索斯沃斯,伊万·本-约瑟夫.街道与城镇的形成［M］.李凌虹,译.北京:中国建筑工业出版
　　社,2006.

［15］潘海啸,任春洋.轨道交通与城市公共活动中心体系的空间藕合关系［J］.城市规划学刊,2005,4:
　　76-82.

［16］翟宇.小区还是城镇—安亭新镇配套面临业主考验［N］.第一财经日报,2006-12-8.

第3章

世界城市交通,空间布局与能源消耗

从城市空间和交通模式角度研究减少城市能源消耗是一个重要的研究方向。在此领域具有较大影响的研究者为 Newman 和 Kenworthy[1-3],针对小汽车依赖的城市的空间形态和交通模式方面的研究,其主要观点认为城市密度、土地的混合利用程度是影响城市交通能源消耗的主要因素。因此降低城市能源消耗的途径为降低城市对小汽车的依赖,而这需要通过提高城市密度,增加土地的混合程度来实现。

但是也有研究者对此结论提出了质疑,如 Paul van de Coevering[4], Mokhtarian[5, 6], Snellen[7] 和 Stead[8] 等。这些研究者利用实证方法以各自所在国家的城市为研究对象,对 Newman 和 Kenworthy 的结论进行了检验。这些研究结论认为从城市层面的城市密度并不是影响城市交通能源消耗的主要因素,其他因素对交通能源消耗的影响也是很重要的。这里我们利用国际公共交通联合会(UITP)2001 年出版的新千年可持续发展的城市数据库(UITP Millennium Cities Database for Sustainable Transport),数据库中包括 100 个国际城市的城市交通、土地使用、基础设施、经济和环境等 200 多项指标。通过对数据进行筛选,选取其中的 87 个城市和 46 个与城市交通能源消耗相关的指标。研究城市按照地域范围分为北美洲、西欧、东欧、拉丁美洲、亚洲(富裕地区)、中东、亚洲(其他地区)和非洲。我们利用这个数据库研究城市交通能源消耗、城市空间和交通模式特征进行分类,总结城市交通能源消耗方面的共同特征。

3.1　城市发展与交通能源消耗

我们首先比较收入与交通能耗的关系。我们将城市按照地区分为 9 类,分别为西欧、东欧、亚洲富裕城市(包括日本城市、香港和新加坡),亚洲其他城市(包括印度、马来西亚、印度、越南等国家的城市),中东、非洲、拉丁美洲。从人均能源消耗在地区上很不平衡,正如我们了解的那样,北美的人均能源消耗最大,其次是大洋洲。西欧虽然作为发达国家,但其能源消耗水平并没有北美高。经济水平并不是能源消耗的决定因素。这一点从西欧和北美这两个经济发达的地区的能源消耗水平明显差异可以看出(图 3-1)。对各个地区的平均交通能源消耗如表 3-1 所列。

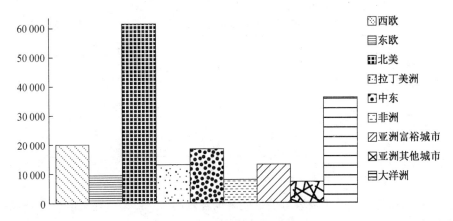

图 3-1　各个区域人均能源消耗(MJ/人)

表 3-1　　　　　　　　　　　城市密度、交通方式和能源消耗的关系

地区	密度/(人·hm⁻²)	出行者选择步行、自行车和公交车的比例	单位能源消耗/(MJ·人⁻¹)
北美	18.5	14%	51 500
大洋洲	15	21%	30 500
西欧	55	50%	16 500
中东欧	71	72%	8 000
亚洲(富裕城市)	134	62%	11 000
亚洲(其他城市)	190	68%	6 000
中东	77	27%	15 500
非洲	102	67%	6 500
拉丁美洲	90	64%	11 500

数据来源：UITP Millennium Cities Database for Sustainable Transport，1 MJ＝10⁶ J.

如图 3-2 所示，在总的能源消耗中，私家车的使用能源消耗占非常大的比例。公交的能源消耗所占比例较少。尤其在北美人均公交能源消耗仅为私人汽车能源消耗的1.7%。这说明控制私人小汽车交通是控制能源消耗一个重要手段。

公共交通的人均能源消耗是私人小汽车能源消耗的1/4。加拿大和大洋洲每名乘客公共交通的能源消耗量是私人小汽车能源消耗量的1/3，而欧洲则是1/3.7，日本则是1/10，由于日本有集约化轨道交通网络，所有公共交通的能源消耗明显较低。同时公共交通使用效率越高，单位乘客能源消耗越低。表 3-2 统计的是城市不同交通模式的能源消耗情况。

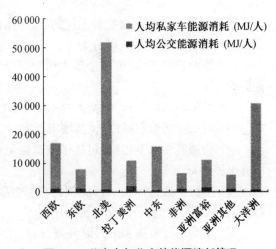

图 3-2　私家车与公交的能源消耗情况

表 3-2　　　　　　　　　　城市不同交通模式的能源消耗　　　　（单位：MJ/乘客·km）

模式	交通工具生产过程	能源消耗	全部
自行车	0.5	0.3	0.8
轻轨	0.7	1.4	2.1
公共汽车	0.7	2.1	2.8
地铁	0.9	1.9	2.8
小汽车	1.4	3.0	4.4

数据来源：Energy Conservation and Emission Reduction Strategies，TDM Encyclopaedia. From UITP's forthcoming publication，Ticket to the Future：Three stops to Sustainable Mobility.

就公共交通而言，大巴士乘客每公里能源消耗较高（图 3-3）。在总的能源消耗中，美国公共交通能源消耗量最高，这其中可能的原因为公共交通使用效率低，公共交通使用者较少，造成了公共交通出行者每公里能源消耗增加。

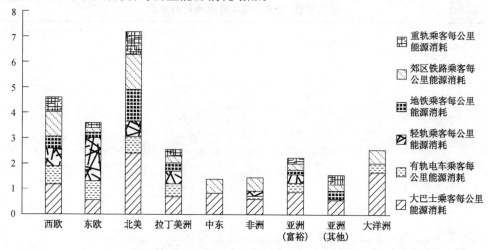

图 3-3　公共交通方式乘客每公里能源消耗

3.2　城市交通能耗的主要影响因素

这里对影响城市交通能源消耗的 46 个指标进行了主成分分析，以对影响交通能源消耗指标进行综合。这些指标可分为 6 类。

（1）能源消耗指标：包括全部人均交通能源消耗、私家车人均能源消耗、公共交通人均能源等；

（2）经济和人口指标：包括人均 GDP、城市人口数等；

（3）城市空间形态指标：包括城市密度、工作岗位密度、CBD 工作岗位占全市的比例等；

（4）交通发展水平指标：包括千人道路里程、每百万人公共交通车辆数、全部公共交通服务里程等；

（5）出行次数指标和出行比例指标：包括人均公共交通出行次数、人均私家车出行次数、私家车出行比例、公共交通出行比例等；

（6）平均出行距离和出行时间指标：包括平均出行距离、私家车人均出行里程、机动车的平均出行距离等。

1．因子分析结果

应用 SPSS 统计软件，对城市的交通能耗、城市空间的交通模式指标进行的主成分分析结果如图 3-4 所示。其中公因子 1 的贡献率约为 42%（表 3-3）。公因子 1 载荷表显示全部人均交通能源消耗和私家车人均能源消耗的荷载分别为 0.940 和 0.939。此外公因子 1 主要表征了与私家车出行相关的指标，如人均私家车出行次数的荷载为 0.964，私家车出行比例荷载为 0.916，私家车人均出行里程荷载为 0.948，另外千人道路里程为 0.843。因此，公因子 1 表征人均能源消耗、私家车能源消耗和私家车出行方面的指标。

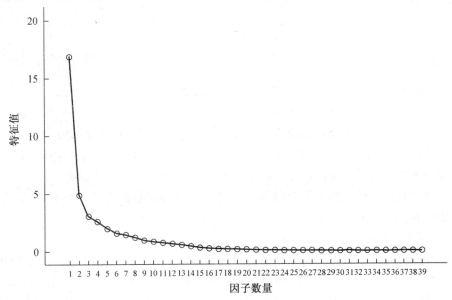

图 3-4　因子碎石图

表 3-3　公因子特征值及贡献率

公因子	特征值	贡献率	累积百分比
1	16.763 35	42.982 95%	42.982 95%
2	4.833 09	12.392 53%	55.375 49%
3	3.017 18	7.736 36%	63.111 84%

因子荷载表显示（表 3-4），私家车出行次数、私家车出行比例、私家车人均出行里程、千人道路里程与能源消耗正相关。而城市密度和工作岗位密度与公因子 1 负相关。但数据显示城市密度并不是这些因素中对能源消耗影响最大的因素。

表 3-4　公因子荷载表

	公 因 子 荷 载		
	1	2	3
人均能源消耗	0.94	−0.01	0.149
私家车人均能源消耗	0.939	−0.03	0.146
公共交通人均能源消耗	−0.13	0.678	0.062
城市密度	−0.61	0	−0.22

续表

	公 因 子 荷 载		
工作岗位密度	−0.61	0.067	−0.22
	1	2	3
千人道路里程	0.843	0.015	0.05
百万人公交车辆数	−0.22	0.892	0.019
公共交通服务里程	−0.34	0.896	0.154
人均私家车出行次数	0.964	−0.06	−0.11
私家车出行比例	0.916	−0.14	−0.12
平均出行距离	0.577	0.06	0.704
私家车平均出行距离	0.188	0.036	0.914
人均小汽车出行里程	0.948	−0.04	0.175

公因子2表征了与公共交通能源消耗相关的指标。人均公共交通能源消耗的载荷为0.678,百万人公共交通车辆数的载荷为0.892,公共交通服务里程的载荷为0.896。公因子2与上述指标正相关,这说明公共交通服务水平的提高必然会增加能源消耗水平。同时,数据显示城市密度与公共交通的能源消耗之间不存在相关性。

公因子3反映了出行距离方面的指标。其中平均出行距离为0.704,私家车的平均出行距离的载荷为0.914。

2. 城市得分分析

城市得分结果显示公因子1得分最高的为美国城市,在得分大于1的14个城市中,美国占了10个,如休斯顿、亚特兰大、凤凰、丹佛、圣地亚哥、洛杉矶、旧金山、芝加哥、华盛顿和纽约,其他的是澳大利亚、加拿大的城市,如墨尔本、布里斯班。这说明这些城市能源消耗水平较高,私家车的出行比例和出行距离相对都较大。

欧洲城市的因子得分比美国低,大部分位于1和0之间,这说明欧洲城市的交通模式不同于北美。主要原因为欧洲的公共交通服务水平比美国高,更多的人乘坐公共交通出行。发达的公共交通使得这些城市的人均能源消耗较美国低。

公因子1得分小于−0.5的城市主要分布于拉丁美洲、非洲和亚洲的发展中国家的城市中。这些国家的城市机动化水平较低,城市公共交通和私家车交通都不发达,因此交通能源消耗水平较低。

公因子2表征了城市公共交通人均能源消耗和公共交通服务水平。公因子2得分大于0的城市多为西欧城市,其中波哥大、伦敦的公因子得分都较大,这表明这些城市的公共交通较为发达。在公因子大于0.5的城市中西欧城市占较大比例。这表明西欧具有比较高的公共交通服务水平,与此同时也表明西欧的公共交通能源消耗较大。

公因子2表征了城市公共交通人均能源消耗和公共交通服务水平。欧洲城市得分很高,这说明这些城市的公共交通发达,具有比较高的公共交通服务水平。

3.3　城市交通能耗的聚类分析

利用SPSS统计软件,采用分层聚类方法,对城市因子得分结果进行了聚类分析,共得出六种不同类型特征的城市。聚类分析结果如图3-5所示。

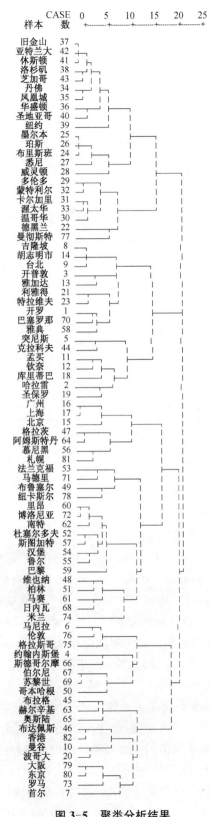

图 3-5　聚类分析结果

如上图聚类分析结果所示：从能源消耗角度，城市可以分为三大类，六个亚类，如表 3-5 所列。

表 3-5　　　　　　　　　　　　　　　聚类结果均值统计

	全部均值	1 类均值	2 类均值	3 类均值	4 类均值	5 类均值	6 类均值
私家车出行者人均能源消耗/MJ	19 873	49 893	25 885	9 394	5 324	14 298	11 876
公交交通人均能源消耗/MJ	1 061	806	951	576	876	912	1 814
私家车与公共交通人均能耗比	18.7	61.9	27.2	16.3	6.1	15.7	6.5
人均能源消耗/MJ	20 934	50 699	26 835	9 970	6 200	15 210	13 690
私家车出行者每公里能源消耗/MJ	2.54	3.02	3.57	2.03	2.38	2.51	2.15
公交车出行者每公里能源消耗/MJ	0.91	1.73	1.08	0.63	0.36	0.72	0.79
所有出行者每公里能源消耗/MJ	2.11	2.95	3.23	1.7	1.23	2.08	1.62
城市密度/(人·hm⁻²)	74	15	42	154	109	67	88
人均 GDP/美元	22 062	27 516	17 309	7 949	2 728	30 864	22 940
千人道路里程/km	3 317	7 008	4 282	1 538	1 442	2 283	2 980
每千人私家车数量/辆	398	596	460	280	171	416	342
每百万人公交车辆数/辆	1 327	768	986	1 015	1 007	1 066	2 505
人均私家车出行次数/次	1.61	3.27	2.05	1.17	0.44	1.29	1.19
非机动车出行比例	27.5%	10.6%	15.5%	26.5%	41.1%	37.4%	28.4%
公交出行比例	19%	4%	11.2%	15.5%	35.1%	19.7%	28.8%
私家车出行比例	53.4%	85.4%	73.3%	58%	23.8%	42.9%	42.7%
人均小汽车出行者出行里程/km	6 997	15 956	6 947	3 860	1 985	5 465	5 374

1. 第一大类：经济发达，交通能源消耗高

第一亚类城市为美国的城市旧金山、亚特兰大、休斯顿、洛杉矶、芝加哥、丹佛、凤凰城、华盛顿、圣地亚哥、纽约和澳大利亚的城市墨尔本、帕斯、布里斯班、悉尼以及新西兰的威灵顿。这些城市人均能源消耗非常高，达到 50 699 MJ，是所研究城市人均能源消耗平均值的 2.5 倍。而其中私家车能源消耗占绝大部分。

人均私家车能源消耗和人均公共交通能源消耗相差 61 倍，而相应的私家车乘客每公里能源消耗是公共交通每公里能源消耗的 1.7 倍，这表明公共交通使用效率较低，大量的交通出行为私家车交通。同时该类城市的百万人公共交通车辆拥有量为 768 辆，仅为平均值 1 327 的一半。这表明城市公共交通服务水平较低，同时公共交通的能源使用效率也较低。

此外，该类城市除了私家车出行比例高、公交车出行比例低外，非机动车的出行比例也比较低，非机动车出行比例仅是平均值的 1/3 左右。同时，值得注意的是此类城市并不是人均 GDP 最高的城市，但能源消耗水平确是最高的。

这类城市是典型的低人口密度、低就业密度、低公共交通使用率、高私家车出行比例和高能源消耗的城市。

第二亚类城市以加拿大城市为主,分别为多伦多、卡尔加里、蒙特利尔、温哥华、渥太华以及英国的曼彻斯特和伊朗的德黑兰。这类城市人均能源消耗量为 26 835 MJ,接近所研究城市的人均交通能源消耗的平均值(20 934 MJ),私家车能源消耗相较第一类城市大大降低,仅为第一类城市能源消耗量的一半。

第二亚类城市同样表现出较低的城市密度,但是相对第一亚类城市 15 人/hm²,城市密度提高了一倍多。同时公共交通的使用比例也有了很大提高,从第一类城市的平均值 4%,提高到 15%,同时小汽车出行者的出行里程也较第一类城市降低一半以上。

这两个亚类城市属于同一大类,城市特征为低人口密度、低就业密度、低公共交通出行比例、高能源消耗、高私家车出行比例的城市交通发展模式,城市能源消耗的水平处在较高的水平。

2. 第二大类:经济欠发达,能源消耗低

第三亚类主要为发展中国家城市,如开罗、开普敦、雅典、吉隆坡、台北、雅加达、胡志明市等,另外还有发达国家的城市即西班牙的巴塞罗那。这些城市的共同特点就是经济水平较低,这些城市平均人均 GDP 为 7 900 多美元,低于前面两类城市。此外,人均能源消耗量比较低,为第一类城市人均能源消耗量的 1/5 左右。

人均私家车能源消耗是人均公共交通能源消耗的 16 倍左右,与前一类城市相比私家车能源消耗相对减少。人均公交能源消耗也大幅减少,这表明公共交通的能源效率相对较高。值得注意的是城市人口密度和城市的就业密度显著增加,这会有助于提高能源使用效率。

第四亚类的城市包括波兰的克拉科夫、突尼斯的突尼斯城、津巴布韦首都哈拉雷、巴西的库里蒂巴和圣保罗以及印度的孟买和钦奈。这些城市都位于发展中国家,这个亚类的能源消耗水平是所有城市中最低的,人均能源消耗量为 6 200 MJ,差不多相当于第一类城市的 1/10。人均 GDP 也是第一类城市的 1/10 左右。其人均公共交通的人均能源消费水平与其他城市持平,能源消耗的减少主要是由于人均私家车能源消耗减少造成的。此外,公共交通和非机动车出行的比例较高,两者合计达到 70% 左右。

第三亚类和第四亚类城市交通能源消耗降低的总体特征为城市人均 GDP 水平较低。由于城市经济不发达,私家车出行较少,因此此城市能源消耗水平较低。

其中库里蒂巴是个例外,这个城市已发展了快速公共交通系统(BRT),引导居民大量使用公共交通,减少了城市能源消耗,为城市营造出了宜人的居住环境。第二大类的城市能源消耗水平较低,主要原因是经济发展水平较低。

3. 第三大类:经济发达,交通能源消耗较低

第五亚类的城市能源消耗的城市较多,这些城市都分布在欧洲和亚洲,他们是奥地利的格拉茨和维也纳,比利时的布鲁塞尔,德国的柏林、杜塞尔多夫、法兰克福、汉堡、鲁尔、慕尼黑、斯图加特,法国的巴黎、里昂、马赛、南特,荷兰的阿姆斯特丹,瑞士的日内瓦,西班牙的马德里,意大利的博洛尼亚和米兰以及英国的纽卡斯尔,另外还包括亚洲城市,如中国的北京、上海和广州以及日本的札幌。

这类城市的特点是人均 GDP 很高,达到了 30 864 美元,同时能源消耗水平较低,人均交通能源消耗为 15 210 MJ,为第一亚类城市的 1/3 左右。私家车的出行比例的平均值达到42%。这表明在城市经济高度发展的情况下,城市居民能够承受私家车出行成本,对出行的舒适性要求越来越高,这促使居民选择私家车作为出行方式。

此外由于较高的非机动车(37.4%)和公共交通的出行比例(19.7%),同时这些城市与第二类城市相比有一个特点,即此类城市大部分具有地铁和轻轨交通系统。轨道交通较其他交通方式能耗如表3-6所示,轨道交通的人均能源消耗要小于公共汽车,更是小于小汽车交通能源消耗。

表3-6　　　　　　　　　　　　　　　燃油性能比较

交通方式	单车载客量/ 人	燃油运输量/ (人·km)L^{-1}	燃油源值/ MJ·L^{-1}	能源消耗/ MJ·(人·km)$^{-1}$
10辆编组地铁	1 000	53	30.5	0.575
小汽车	4	42	27.5	0.655
公共汽车	35	37	30.5	0.824

资料来源:Howes & Fainberg(Eds.) The Energy Sourcebook, American Institute of Physics, 1991.

第六亚类城市主要为西欧城市,其中包括丹麦的哥本哈根、挪威的奥斯陆、瑞典的斯德哥尔摩、瑞士的伯尔尼和苏黎世、意大利的罗马、英国的伦敦和格拉斯哥、东欧捷克的布拉格和布达佩斯、南非的约翰内斯堡以及哥伦比亚的波哥大,此外还有亚洲国家,包括日本的东京和大阪、中国的香港、韩国的首尔、泰国的曼谷以及菲律宾的马尼拉。

这些城市的人均GDP相对较高,和所有城市的平均值相当。人均能源消耗为13 690 MJ,相对人均GDP而言,这类城市处于较低的能源消耗水平。城市密度相对于第二大类城市而言,并不是很高,88人/hm^2。

私家车人均能源消耗是公共交通人均能源消耗的6.5倍,这个比值在较发达城市中是最小的,这表明大量的出行者使用公共交通出行,百万人公共交通车辆数达到2 505辆,这是平均值的2倍左右。这显示出此类城市提供了高水平的公共交通服务,同时从公共交通的出行比例也可以看出,公共交通服务取得了良好的效果。

3.4　结论

虽然是通过一些国际城市宏观数据的分析,但这些数据比较的结果对我们城市如何进行低碳建设和发展具有积极的意义,可以得到以下的结论及启示。

私家车交通是影响城市能源消耗的主要因素。公共交通的服务水平对于减少城市能源消耗有着重要的推动作用。经济发展会导致交通能源消耗的增加,居民对交通出行的舒适性和快捷的要求提高,必然会造成交通能源消耗的增加,抑制交通能源消费不是最终解决问题的途径。

正如以往研究者的结论,城市密度是影响城市交通能源消耗的重要因素,城市密度与城市人均能源消耗之间存在着显著的负相关关系。但分析结果显示并不像Kenworthy所强调的那样是影响交通能源消耗的主要因素。

从聚类分析的结果显示,城市能源消耗可以以北美、欧洲和其他地区作为代表,这三类城市有着不同的经济水平、文化背景以及不同的城市交通服务水平。研究结果显示,城市经济水平影响着城市能源消耗的水平,但这并不是一个城市交通能源消耗水平的决定影响因素。以上数据的分析缺乏非机动车数据,但对我国城市而言,鼓励非机动出行对于城市交通能源消耗降低有着积极的推动作用。因此，应该积极鼓励非机动车交通，但由于非机动交通的出行距离较短，对于大城市，需要促进非机动交通与机动交通的衔接，建立方便的交通换乘枢纽，使之成为多模式交通下的重要组成部分。正如作者指出[9]，城市交通建设中"优先顺序应该是 POD＞BOD＞TOD＞XOD＞COD①，以良好步行环境为导向的开发建设要优先于以方便自行车适用为导向的开发建设，在此基础上倡导以公共交通为导向的开发建设，再其次考虑城市的形象改善工程和小汽车的发展。"

公共交通空间布局形态是影响城市能源消耗的重要因素，城市公共交通形态尤其是轨道交通的空间形态对于城市空间的形成也具有很强的塑造作用[10]，能在很大程度上影响到城市交通能源消耗。我国在城市发展过程中应该注意公共交通对城市空间的带动作用。单纯比较城市交通能源消耗，而忽略不同城市的经济发展水平显然是没有意义的。我国城市处于经济的起步阶段，交通能源消耗模式尚未形成，但随着城市形态的最后形成而逐渐固化。

减少城市交通能源消耗最有效途径就是交通模式转换，在满足出行者的交通需求的条件下，引导出行者采用节能的交通方式。公共交通和私家车交通的影响因素是不同的。这说明修筑大量的道路能够吸引更多的私家车交通，当时提供更多的公共交通线路却不一定能够促进公共交通分担率的增加。

参 考 文 献

[1] KENWORTHY J. R.，NEWMAN P. W. G. Cities and transport energy: Lessons from a global surey[J]. Ekistics, 1990, 34(4/5): 258-268.

[2] Kenworthy J. R.，FELIX B. L. Patterns of automobile dependence in cities: an international overview of key physical and economic dimensions with some implications for urban policy[J]. Transportation Research Part A, 1999, 33: 691-723.

[3] KENWORTHY J. R. Transport energy use and greenhouse gases in urban passenger transport systems: a study of 84 global cities[C]. The international third conference of the regional covernment network for sustainable development. Western Australia, Fremantle, Notre Dame University, 2003: 17-19.

[4] Paul van de Coevering, TIM S. Re-evaluating the impact of urban form on travel patterns in Europe and North-America[J]. Transport Policy, 2006(13): 229-239.

[5] KITAMURA R.，MOKHTARIAN P. L.，LAUDET L. A micro-analysis of land use and travel in five neighborhoods in the San Francisco Bay Area[J]. Transportation, 1997, 24: 125-158.

[6] SCHWANEN T.，MOKHTARIAN P. L. What if you live in the wrong neighborhood? The impact of residential neighborhood type dissonance on distance traveled[J]. Transportation Research D, 2005, b, 10: 127-151.

[7] SNELLEN D.，BORGERS A.，TIMMERMANS H. Urban form, road network type, and mode choice for frequently conducted activities: a multilevel analysis using quasi-experimental design data [J]. Environment and Planning, 2002, A 34: 1207-1220.

[8] STEAD D. Relationships between land use, socioeconomic factors, and travel patterns in Britain[J].

---

① POD: Pedestrian Oriented Development. BOD: Bicycle Oriented Development. TOD: Transit Oriented Development. XOD: para-transit and "Xingxiang" Oriented Development. COD: Car Oriented Development.

Environment and Planning B：Planning and Design 28，2001：499-528.

［9］潘海啸. 城市轨道交通与可持续发展[J]. 城市交通，2008，6(4)：35-39.

［10］潘海啸,任春洋. 轨道交通与城市公共活动中心体系的空间耦合关系——以上海市为例[J]. 城市规划学刊,2005(4):76-82.

第4章

居民出行碳排放的影响因素

4.1 社会经济属性

根据已有的研究成果表明,城市居民交通出行的碳排放主要受到所在社会经济特征、出行行为、城市空间形态和公共交通可达性等几方面的影响,这里我们首先讨论社会属性的影响。社会经济属性通常包括年龄结构、性别比例、工作人口占总人口比例、人均收入、小汽车拥有率等指标。

1. 小汽车拥有率

小汽车的 CO_2 排放系数远高于其他交通方式,因此小汽车拥有率越高,城市交通的 CO_2 排放量越大,这一观点已被相关文献研究所证明[1-4]。小汽车数量在两辆及以上的家庭,其非商务出行所排放的温室气体高于平均值 75%,更是只拥有一辆小汽车家庭排放量的两倍[2]。

赵敏等(2008)[5]研究了 2002 年至 2006 年期间居民出行方式的变化对上海市城市交通 CO_2 排放的影响,其发现由于上海市小汽车数量迅猛增长(由 2002 年 24 万辆增长到 2006 年 89 万辆),小汽车所排放的 CO_2 比例从 25% 左右提高至 50% 以上,从而导致 2006 年城市交通碳排放总量涨幅约为 2002 年的一倍。

2. 收入

收入与小汽车拥有率直接相关[6],并且与出行次数、出行距离有关。根据 ONS[7]的研究,2005 年收入最高的 20% 人群在出行次数上比收入最低的 20% 人群超出 30%,而前者的出行距离更是后者的 3 倍之多。大量研究证实居民收入与出行碳排放或出行能耗之间明显相关。

微观尺度(个人出行)上由于收入所带来的碳排放差异,在不同地区也有所显现。Becky P. Y, Loo 等[8]计算和分析了中国客运交通自 1949 年以来碳排放量的变化,研究发现不同省份在碳排放总量,尤其是道路交通碳排放量方面有明显的区域差异,长三角及珠三角的地区碳排放最高,其次是沿海地区,而西部地区碳排放量最低。世界银行[9]的研究表明(图 4-1),随着人均 GDP 持续增长,人均 CO_2 排放增长率趋于稳定。

4.2 出行行为

世界银行的研究报告(2009)[10]表明日人均出行率的增加、机动化出行距离的增加导致碳排放量随之上升。

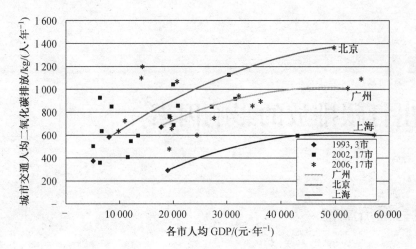

图 4-1　GDP 与 CO$_2$ 排放的关系

1. 出行距离

童抗抗等[10]研究了居住-就业距离缩短对于通勤碳排放的影响,结果表明在居住-就业距离不超过 15 km(适宜公共交通出行距离)的情景中居住-就业距离缩短 21.3%,交通碳排放量减小 28.2%;在居住-就业距离不超过 5 km(适宜非机动车出行距离)的情景中居住-就业距离缩短 56.3%,碳排放量减小 53.1%。

2. 出行方式

出行方式的不同会导致碳排放量的差异。常规公交、轨道交通、非机动交通等其碳排放强度小,因此是低碳且绿色的交通方式。如果城市交通结构偏向于低碳交通方式,城市的总体碳排放量会较低。朱松丽[11]对 2005 年北京、上海两城市的交通能耗和 CO$_2$ 排放进行了比较,认为由于上海机动车总量控制政策、公共交通优先发展政策及非机动交通的广泛利用,导致上海城市交通的能源消耗强度及 CO$_2$ 排放强度均低于北京。来自京津沪渝城市交通碳排放的实证研究[12]也表明,公交出行所占比重对城市交通碳排放具有负向影响。Becky P. Y. Loo 的研究表明,在 1980—2009 年期间,客运交通方式的转换是收入之外影响碳排放量的最主要因素。

另一方面,如果小汽车出行占城市交通结构的主导地位,交通碳排放量则极高。马静、柴彦威等[13]对北京市居民出行碳排放的研究表明,出行方式的选择对居民日常出行碳排放产生的影响要远远大于出行总量的影响,如何使居民的出行方式从"高碳"向"低碳"以及"零碳"方式转化是减少城市交通碳排放的关键所在。

4.3　公共交通服务水平

尽管我们希望通过提高公共交通服务水平来增加公共交通的出行比例,以降低城市交通碳排放,但事实可能并非如此。周雪梅等[14]基于效用函数构建了慈溪市公交优先系统实施后各交通方式比例的预测模型,研究表明提高公共交通服务水平,可以提高公共交通出行比例,但公共交通比例所增长的 23%中,16%来自于自行车。这说明公共交通服务水平的提升,并不一定会导致城市交通碳排放降低(表 4-1)。

表 4-1	公交优先实施前后交通方式比例	
交通方式	交通方式比例	
	公交优先实施前	公交优先实施后
自行车	63%	47%
公共交通	11%	34%
出租车	5%	5%
小汽车	21%	14%

Pascal Poudenx[15]研究了欧洲公共交通系统改进对交通方式的影响,发现 1983—1995 年,弗莱堡的公交客运量从 2 770 万人次增至 6 590 万人次,同期人口仅从 20.1 万人增至 22.7 万人。1982 年,居民出行结构为小汽车 39%,步行 35%,自行车 15%,公共交通 11%,而 10 年后居民出行结构则为小汽车 42%,步行 21%,自行车 19%,公共交通 18%。

由于 1982—1992 年弗莱堡的小汽车保有量大幅提高,而私人小汽车在出行结构中并未出现显著变化,这样的结果可以算是公交系统改进策略的巨大成功。然而,从出行结构本身来看,公交乘客增加实际来自原本步行的出行者而非小汽车,机动化出行的总比例实际从 50%增至 60%,这意味着能源消耗更多。

4.4　城市空间结构

城市空间结构是城市要素在空间范围内的分布和组合状态,目前学界已有的研究城市空间结构的视角,至少涵盖城市密度、城市用地布局和城市形态等几个方面。

1. 城市密度

城市密度主要包括建筑密度、容积率、人口密度、工作岗位密度等。迄今为止,密度对于交通碳排放的影响并无定论,但大多数研究认为密度越高,交通碳排放越低[16]。Glaeser 等[17]通过美国家庭出行调查数据研究了 66 个大都市区城市空间结构对碳排放的影响,结果表明低密度城市地区的 CO_2 排放水平远高于高密度城市地区。Vande 等[18]对多伦多温室气体排放以及空间分布特征的研究表明,高密度开发导致居住、工作紧凑化,从而降低了城市能源消耗与碳排放水平。Norman 等[19]研究发现低密度郊区的人均碳排放水平是高密度城市中心区的 2～2.5 倍。

城市密度对于交通碳排放的影响主要是通过交通方式和出行距离等因素来实现。不同密度地区交通结构明显不同。一般来说,在各种交通方式中,密度对私家车和公交车的使用有较显著的影响,高密度开发地区居民通常采用公交和非机动交通,而低密度开发地区则以小汽车为主。国外学者从居住、就业密度对影响交通方式选择的因素展开研究,总结出一系列具有一定参考价值的结论和指标。

在居住密度与交通方式选择的研究方面,Pushkarev 和 Zupan[20]发现,当密度超过 148 单元/hm^2 时,一半出行将以公交实现;Cevero[21]通过 1985 年全美住户调查数据 1985AHS (American Housing Survey)研究表明,密度比土地利用混合程度更明显地影响通勤时小汽车和公交各自的占有率;提高密度,结合土地混合使用,能降低机动车拥有率和减少出行距离;Schimek[22]将多伦多与波士顿进行比较研究,发现高密度对应多样的交通方式。由于居住密度更高,同时 CBD 和近郊区有更集中的就业,加上社会经济的不同,多伦多居民会选择更多类型的交通方式。此外,Parsons Brinkerhoff[23]、Messenger 和 Ewing[24] 以及 Cevero 和 Kockelman[25]等通过研究认为,密度会影响机动车拥有情况,从而对公交的使用产生影响。

另一方面,就业密度也会影响工作出行方式选择。Cevero[26]发现在郊区就业中心的密度会影响工作出行方式选择;Schimek 认为就业密度越高,公交使用比例越大;Frank 和 Pivo[27]发现交通方式由小汽车向公交、步行方式转变时存在就业密度的门槛:当就业密度在 62~123/hm^2 时,随着密度增加,小汽车适度转为公交、步行方式,但达到 185/hm^2,随着就业密度增加,这种转变十分明显。随着密度的增加,公共交通的比例提高,而私家车方式降低。

城市密度越大,城市用地组织的有机性往往越大,从而导致居民出行距离较短。一般来说,在高密度地区出行距离相对较短,居民大多采用非机动车交通方式,使人均机动车里程随着人口密度的增加而下降。但人口密度高到一定程度时,这种变化趋势趋于平缓。如图 4-2 所示,人口密度超过 1 万人/km^2 时,年人均机动车里程较低,多数在 10 km/人以下。

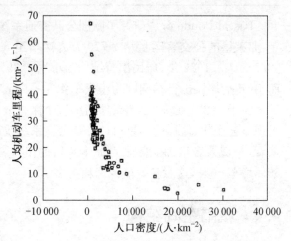

图 4-2　人口密度与人均机动车历程的关系

可见,在高密度地区,机动车交通出行方式比例相对稳定。这主要是由于开发强度高,各种城市功能集中于有限的地域范围内,居民的工作、娱乐、教育、购物、社交等活动在有限的空间内组织,缩短了出行的距离,从而限制了机动车出行方式的选择(表 4-2)。

表 4-2　　　　　　　　　开发强度与交通方式比例

城市地区	所在洲	开发强度	步行或自行车	公共交通	摩托车	私家车	合乘小车	其他
莫里斯(2000)Morris[18]	美洲	低	1.9	4.2	0.8	81.2	8.2	3.7
伦敦(1998)London[19]	欧洲	中	14(其中步行11,自行车3)	13(其中公交7,铁路6)	1	71	—	—
新加坡(2000)Singapore[20]	亚洲	高	6.4	52.4	4.8	23.7	6.7	6.1

资料来源:莫里斯,http://www.njtpa.org/planning/census2000/ctpp2000profiles.The North Jersy Transportaion Planning Authority,Inc;伦敦,http://www.dft.gov.uk/:transport statistics;新加坡,http://www.singstat.gov.sg/papers/c2000/adr-transport.pdf.

虽然多数文献认为交通碳排放与城市密度呈负相关关系,但也有反对的观点。一些学者认为城市密度对于碳排放的影响并不存在,也有学者认为这种影响微乎其微;Sharpe[28]认为在墨尔本,密度增长 3 倍只能减少 11% 的能源消耗;Brownstone 等[29]比较了不同社区密度的两个家庭,发现低密度住区的家庭比高密度住区家庭每年仅增加 4.8% 车辆里程,以及 5.5% 的汽油消耗。可见,密度对能耗与碳排放的影响确实存在,但数量很小,因此单纯通过提高密度来减少车辆能耗与碳排放的做法在实际中行不通。

2. 城市用地布局

城市用地布局中功能混合对于减少交通碳排放有重要影响,与密度的影响机制类似,功能混合同样通过出行方式来影响交通碳排放。Cervero 发现土地混合使用能够促进机动车交通比例的降低、平衡交通流、鼓励拼车或合用停车场。Frank 和 Pivo[27] 发现土地混合使用程度越高,居民独自使用车辆的概率越小。Kockelman[30] 通过出行调查数据证明,土地混合使用对车辆出行里程(VMT)以及非机动交通出行比率有重要影响:土地混合使用程度越高,车辆出行里程则越低。Cervero 对美国 59 个大型郊区办公项目的研究发现,在楼板面积中零售和商业每增加 20%,会导致小巴共乘或公共交通的出行比例增加 4.5%。可见,土地混合使用鼓励公共交通出行。

国内研究表明,微观尺度上的城市空间会对居民日常的出行行为以及碳排放产生结构性的影响,土地混合利用的、职住接近型的规划建设模式有利于减少居民的出行距离、增加居民的非机动出行概率以及减少居民日常出行的碳排放;相反,功能分区的、职住分离型的规划建设模式则会增加居民的出行距离、机动出行概率以及日常出行碳排放,但职住平衡也并不一定意味着机动化出行减少,也可能存在职住平衡,但职住不匹配的状况,这种情况下人们的出行距离依然会较长。

3. 城市形态

城市形态各要素中城市规模与街区尺度也会对交通碳排放产生影响。Glaeser 等对碳排放量与城市规模的关系进行了实证研究,发现城市规模与碳排放存在一定的正相关关系,随着城市规模的增大,新增人口的人均碳排放量要高于存量人口。

小尺度街区通常与功能混合、高密度相结合,从而形成低碳城市空间。Peter 等[31] 指出传统步行城市以高密度、土地功能混合及适宜尺度的街区为特征,形成有机的城市空间结构,城市中所有的目的地都在步行 0.5 h 内。因此,这些城市规模一般很小,日常出行距离多数在 5 km 之内。多数步行城市保留了传统街区的步行环境,或者是政府有意识地在新区中延续这些特征,如欧洲中世纪的一些城市,或沿斯德哥尔摩铁路系统新建的郊区中心,或慕尔黑的波根哈森中心区等。

Cervero 将荷兰的奥尔莫里社区与英国小汽车为主导的新城米尔顿凯恩斯进行比较,发现奥尔莫里社区以较小的格状式街道为特色,有大量的人行道和自行车道,一个禁止小汽车行驶的镇中心和一个相互依存的混合土地利用模式,1991 年,该区所有出行中小汽车出行所占比例为 42%;而米尔顿凯恩斯是 2/3,且奥尔莫里的平均出行距离要短 25%。

潘海啸等[32] 研究了上海的 4 个不同街区的城市形态与交通方式之间的关系,研究表明传统高密度、小尺度和混合型的街区设计更有利于绿色交通的选址。

参 考 文 献

[1] NICOLAS J. P., DAMIEN D. Passenger transport and CO₂ emissions: What does the French transport survey tell us [J]. Atmospheric Environment, 2009(43): 1015-1020.

[2] CHRISTIAN B., PRESTON J. M. '60-20 emission'—The unequal distribution of greenhouse gas

emissions from personal, non-business travel in the UK [J]. Transport Policy, 2010(17):9-19.

［3］PETTER N. Residential location, travel and energy use in the Hangzhou metropolitan area [J]. The Journal of Transport and Land Use, 2010, 3(3): 27-59.

［4］CHRISTIAN B., ANNA G., HARRY R., et al. Associations of individual, household and environmental characteristics with carbon dioxide emissions from motorized passenger travel [J]. Applied Energy, 2013(104):158-169.

［5］赵敏,张卫国,俞立中.上海市居民出行方式与城市交通 CO_2 排放及减排政策[J].环境科学研究, 2009,22(6):747-752.

［6］肖作鹏,柴彦威,刘志林.北京市居民家庭日常出行碳排放的量化分布与影响因素[J].城市发展研究, 2011,18(9):104-112.

［7］ONS. Transport statistics bulletin: national travel survey 2006 [R]. Office of National Statistics, Transport Statistics, Department for Transport, London, 2007.

［8］BECKY P. Y. L., LINNA L. Carbon dioxide emissions from passenger transport in China since 1949: Implications for developing sustainable transport [J]. Energy Policy, 2012(50):464-476.

［9］The World Bank. 城市交通与 CO_2 排放:中国城市的一些特征[R]. 2009.

［10］童抗抗,马克明.居住-就业距离对交通碳排放的影响[J].生态学报,2012,32(10):2975-2984.

［11］朱松丽.北京、上海城市交通能耗和温室气体排放比较[J].城市交通,2010(3):58-63.

［12］苏涛永,张建慧,李金良,等.城市交通碳排放影响因素实证研究——来自京津沪渝面板数据的证据[J].工业工程与管理,2011,16(5):134-138.

［13］马静,柴彦威,刘志林.基于居民出行行为的北京市交通碳排放影响机理[J].地理学报,2011,66(8):1023-1032.

［14］周雪梅,张显尊,杨晓光,等.基于交通方式选择的公交出行需求预测[J].同济大学学报(自然科学版),2007,35(12):1627-1631.

［15］Pascal Poudenx 著.城市交通政策对能耗和温室气体排放的影响[J].邵玲,译.城市交通,2011(5):86-94.

［16］叶玉瑶,陈伟莲,苏泳娴,等.城市空间结构对碳排放影响的研究进展[J].热带地理,2012,32(3):313-320.

［17］GLAESER E. L., KAHN M. The greenness of cities [R]. Rappaport Institute for Greater Boston/ Taubman Center for State and Local Government, 2008.

［18］VANDE W. J., KENNEDY C. A spatial analysis of residential greenhouse gas emissions in the Toronto census metropolitan area [J]. Journal of Industrial Ecology, 2007, 11(2):133-144.

［19］NORMAN J., MACLEAN H., KENNEDY C. Comparing high and low residential density: life-cycle analysis of energy use and greenhouse gas emissions [J]. Journal of Urban Planning and Development, 2006, 132(1):10-21.

［20］PUSHKAREV, ZUPAN B. J. Public transportation and land use policy [M]. Indiana University Press, 1977.

［21］CERVERO R. Mixed land-uses and commuting: evidence from the American housing survey [J]. Transportation Research A, 1996(5):361-377.

［22］SCHIMEK P. Land-use, transit, and mode split in Boston and Tronto [R]. Association of Collegiate School of Planning and Association of European School of Planning Joint International Congress, Toronto, Canada, 1996.

［23］Parsons Brinkerhoff, Quade and Douglas Inc. Transit and urban form: mode of access and catchment areas of rail transit [R]. Transportation Research Board, 1996.

［24］MESSENGER T. , EWING R. Transit-oriented development in the sun belt ［J］. Transportation Research Record，1996(1552):145-153.

［25］CEVERO R. , KOCKELMAN K. Travel demand and the 3D's: density, diversity, and design ［J］. Transportation Research D，1997(3): 199-219.

［26］CEVERO R. America's suburban centers: the land-use-transportation link ［J］. Economic Geography，1989.

［27］FRANK L. D. , PIVO G. Impacts of mixed use and density on the utilization of three modes of travel: Single occupant vehicle, transit, and walking ［J］. Transportation Research Record，1995:13-42.

［28］SHARPE R. Energy efficiency and equity of various urban land use patterns ［J］. Urban Ecology，1982(7):1-18.

［29］BROWNSTONE D. , GOLOB T. F. The impact of residential density on vehicle usage and energy consumption ［J］. Journal of Urban Economics，2009(65):91-98.

［30］KOCKELMAN K. M. Travel behavior as a function of accessibility, land-use mixing, and land-use balance: evidence from the San Francisco bay area ［J］. Transportation Research Record，1997 (1607):116-125.

［31］PETER W. G. , KENWORTHY J. R. The land use-transport connection ［J］. Land Use Policy，1990，13(1):1-22.

［32］潘海啸,刘贤腾,John Zacharias,等.街区设计特征与绿色交通的选择——以上海市康健、卢湾、中原、八佰伴四个街区为例[J].城市规划会汇刊,2003(6):42-48.

第5章

交通方式与碳排放

对于整个城市而言,计算其居民的交通出行碳排放往往有两种方法,一种为自上而下的能源统计法。即从城市统计部门获取直接的能源消耗量或相关数据,例如全市域范围内的家用型汽车的燃油消耗量、公交公司一年的燃油消耗量、轨道交通公司一年的用电总量等。这种碳排放计算方法能够较为准确地反映城市居民交通出行碳排放的实际数值,但并不能很好的和居民的出行数据、城市的交通结构数据联系起来。

另一类型的计算方法为自下而上的特征参数统计办法。例如,通过该地区的小汽车总量、百公里油耗、年平均出行距离等参数计算私家车的碳排放总量;通过常规公交的油耗强度、年运营里程等计算常规公交碳排放总量;通过轨道交通的电耗强度和年运营里程计算轨道交通的碳排放总量。通过这种方法计算城市的客运交通碳排放,虽然准确性不如第一种方法。但可以在城市的居民出行特征与交通出行碳排放之间建立联系,更有利于进一步研究他们之间的关系,同时,也更有利于进一步和中微观的数据建立联系,形成建立在特征参数基础上的碳排放计算与分析对比研究。因此,这里将采用这一类型的计算方法,计算居民交通出行碳排放。其中,非机动交通出行主要包括步行、自行车出行两种方式,由于这两种方式并不直接消耗化石能源,暂不将铁路、航空等对外交通出行的碳排放加入计算。还有一些研究中不仅考虑交通工具的直接排放,还要考虑交通工具生产,在一定年限内基础设施系统建造及维护,报废和废弃物处理所产生的 CO_2。

通常在计算交通所排放的 CO_2 时有两种计算方法:一种是基于交通距离的计算方法;另一种是基于交通所消耗能源的计算方法[1]。

5.1 基于距离的计算方法

基于交通距离的计算方法如下:

$$G_i = D_i \times E_i \qquad (5-1)$$

式中 G_i——使用某种交通方式的碳排放量(g);

D_i——使用该种交通方式的出行距离(km);

E_i——该种交通方式的 CO_2 排放系数。

该排放系数与交通工具所消耗的燃油种类、运行状态(如载客人数、使用时长、行驶速度、引擎大小等因素)等相关。根据美国交通部 1996 年的数据[19],不同类别的车辆其 CO_2 排放值会有很大差异,如表 5-1 所列。

表 5-1　　　　　　　　　　　不同类型交通工具的 CO_2 排放量[2]

车辆类型	车辆大小/引擎类型	CO_2 排放量每车公里（相对于中型、汽油且无三元催化剂的小汽车）
小汽车	汽油，无三元催化剂	1.0
	汽油，有三元催化剂	1.1
	柴油	0.9
小货车	汽油，无三元催化剂	0.9
	柴油	1.0
货车	柴油，3.5～7.0 t	2.6
小巴	16 座及以下	1.6
中巴	17～35 座	2.6
大巴	36 座及以下	5.9
长途汽车	36 座及以下	5.1

　　Becky P. Y. Loo[3]等收集了国外及中国其他地区各种交通方式在 1960—2010 年代的 CO_2 排放系数,其数据来自于 8 个欧洲国家、3 个亚洲国家、一个北美国家以及台湾地区的官方报告和已发表论文。根据其研究可以看出,不同国家或地区在不同年代的碳排放系数有明显区别(表 5-2)。

表 5-2　　　　　　　　不同国家或地区在不同年代的交通工具碳排放系数　　　　　单位:g/pkm

	1960 年代			1970 年代			1990 年代			2000 年代		
	低值	均值	高值	低值	均值	高值	低值	均值	高值	低值	均值	高值
长途公交	—	—	—	—	—	—	—	—	—	18	33	52
出租车	—	—	—	—	—	—	113	165	317	104	145	388
城市公交	—	—	—	—	—	—	15	57	110	15	59	104
私人小汽车及单位小汽车	—	—	—	—	—	—	37	130	182	37	112	168
摩托车	—	—	—	—	—	—	—	—	—	54	56	58
火车	176	176	176	20	64	130	10	55	116	19	52	94
飞机	356	356	356	240	315	440	110	182	360	109	129	154
航运	—	—	—	—	—	—	41	109	764	41	147	1 224

　　Becky P. Y. Loo 指出,不同交通工具的碳排放强度存在地域、年代的差异,产生的原因包括交通工具的科技水平,比能源种类、能源效率、自重、载重等,而这些又与地区的社会经济特征等因素有关,因此在研究中国的交通碳排放时很难决定选取何种系数。

Fabio Grazi[4]利用 2005 年荷兰交通数据计算各种交通方式的 CO_2 排放强度,值得一提的是,他在计算时不仅考虑了交通工具直接排放的 CO_2 量,还包括了生命周期所排放的 CO_2 量(指能源在生产过程中所排放的 CO_2)。

这种方法计算过程十分简单,但由于不同国家、不同地区的排放系数会不同,因此在使用基于交通距离的碳排放计算方法时需要注意使用本国或本地区的各交通方式碳排放系数。

5.2 基于能源消耗量的计算方法

根据 IPCC 指南[5],在使用基于能源消耗量的碳排放方法时,有两种选择:一种是自上而下的计算方法;另一种是自下而上的计算方法。

前者被 IEA(国际能源机构)以及 UNFCC(联合国气候变化框架公约)称为参照方法,它是基于交通的能源消耗总量或者能源销售总量来计算碳排放。用某种能源的消耗量乘以该种能源的碳排放系数得出该能源的碳排放量,然后将各种能源的碳排放量求和得出总的碳排放。

后者在计算时考虑到影响碳排放的交通系统相关因素,如交通行为、能源、车辆等[6]。其中,使用最频繁的是 ASIF 的计算法,它用乘客公里数代表出行行为、用乘客公里数的比例指代交通结构、用每乘客公里消耗的能源量代表能源强度、用每升能源的碳排放量代表能源的碳排放系数。因此,从理论上来说,交通工具的类型、交通距离以及能源的种类都会被考虑到此种计算方法中。

1. 自下而上的能耗计算方法

自下而上的能耗计算方法其计算公式为:

$$M_i = D_i \times C_i \times \rho_i \times q_i \times e_i / P_i \tag{5-2}$$

式中　M_i——使用某交通方式出行的碳排放量(g);

　　　D_i——出行距离(km);

　　　C_i——该交通方式每公里的能源消耗量(L/km);

　　　ρ_i——该能源的密度(kg/L);

　　　q_i——该能源的热值(Tj/kg);

　　　e_i——该能源的 CO_2 排放强度;

　　　P_i——该交通方式的载客人数。

对于轨道交通需要将其每公里耗电量转化为标煤或原煤进行计算。

D. Stead 利用自下而上的方法计算车辆的能源消耗量,其在考虑交通系统相关因素时,采取了详细指标和简单指标来分别计算。详细指标包括车辆使用的能源种类、引擎大小、平均速度、平均载客人数、使用年数等,其中平均速度并非具体的数值,而是分为 4 个等级:启动阶段、0~30 mph、30~40 mph 及 40 mph 以上,即每类车辆根据这些指标被划分为若干子类,每个子类对应一种能源消耗系数(表 5-3)。

表 5-3　　　　　　　不同燃油类型、引擎大小及平均速度的小汽车能耗强度

燃油类型	引擎大小	平均速度	能源消耗强度/ $(MJ \cdot pkm^{-1})$
汽油	小	冷启动	2.16
		0～30 mph	1.49
		30～40 mph	1.21
		40 mph+	1.16
	中	冷启动	2.47
		0～30 mph	1.76
		30～40 mph	1.39
		40 mph+	1.22
	大	冷启动	3.50
		0～30 mph	2.57
		30～40 mph	1.80
		40 mph+	1.45
柴油	小	冷启动	1.24
		0～30 mph	1.03
		30～40 mph	0.88
		40 mph+	0.84
	中	冷启动	1.51
		0～30 mph	1.26
		30～40 mph	1.06
		40 mph+	1.02
	大	冷启动	2.04
		0～30 mph	1.70
		30～40 mph	1.43
		40 mph+	1.37

注：D. Stead[19]对各交通方式的能耗强度都进行了计算，此处只列举小汽车；小汽车的载客人数按 1.6 人/车计算。

　　简单指标，顾名思义，仅仅考虑每类车辆的平均能耗值，并不考虑按车辆的行驶速度、引擎大小、载客人数、使用年数等相关因素将每类车辆细分，即每类车辆只对应一种能源消耗系数。在缺乏相关数据的情况下，我们在这里使用简单指标计算能源消耗系数。

　　Christian Brand 等[7]在研究个人机动车交通出行的温室气体（包括：CO_2，methane，CH_4，N_2O 等）排放时，针对不同的交通方式采取了不同的计算手段。对于小汽车排放，根据能源种类（分为三种）、引擎大小（三类）、使用年数（依照欧洲排放标准划分）、出行距离（三等级）、道路条件（按平均行驶速度分为三类），然后基于一系列的由行驶速度推导出的公式

来计算排放值。这种方法包括了引擎在冷启动时的额外排放量以及燃油在生产时所产生的排放量。对于公共汽车、轨道交通、出租车及轮渡,基于交通行为(分为高峰期和非高峰期、日常出行和偶然出行),利用车辆的排放系数及乘客运载系数来计算(图5-1)。

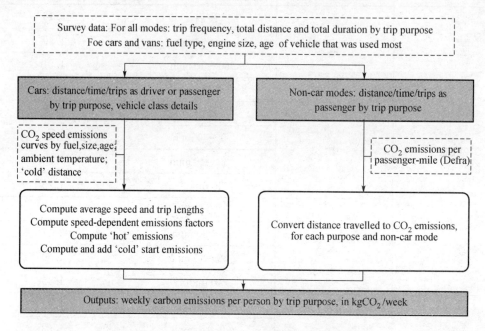

图 5-1　小汽车和其他交通工具的碳排放量计算方法

资料来源:Christian Brand, Anna Goodman, Harry Rutter, et al. Associations of individual, household and environmental characteristics with carbon dioxide emissions from motorized passenger travel. Applied Energy, 2013(104):158-169

　　根据以上国外文献研究可以发现,在使用自下而上的方法时,对交通方式能耗强度的计算是其研究的重点。相较于国外研究中对交通方式能耗强度细致、全面的计算,由于相关数据的缺失,国内研究通常采用各交通方式的平均能耗强度作为计算指标[8-10]。

　　2. 基于自下而上方法的计量工具

　　美国拥有较为深入且公开的基于家庭和个人的交通调查数据,特别是机动车的排放量、机动车的速度、里程数、乘客数量、年龄等,这使得微观尺度个人碳足迹的计量得以发展。目前已经有大约10种相关的个人微观尺度的交通碳排放的计算器(表5-4)。[11]

表 5-4　　　　　　　　　　相关文献研究中被使用的个人/家庭的碳足迹计算器

American Forests	http://www.americanforests.org/resources/ccc/
Be Green	http://www.begreennow.com/
Bonneville Environmental Foundation (BEF)	https://www.greentagsusa.org/GreenTags/calculator_intro.cfm
CarbonCounter.org	http://www.carboncounter.org/
Chuck Wright	http://www.chuck-wright.com/calculators/carbon.html
Clear Water	http://www.clearwater.org/carbon.html

续表

The Conservation Fund	http://www.conservationfund.org/gozero
EPA	http://www.epa.gov/climatechange/emissions/ind_calculator.html
SafeClimate	http://www.safeclimate.net/calculator/
TerraPass	http://www.terrapass.com/

因此,我们简单介绍几种计算的模型:

1. MOVES

MOVES[1](Motor Vehicle Emissions Simulator)是由美国环境署(EPA)开发的一个计量交通部门温室气体排放量的软件。它可以在国家、州和基于项目 3 个尺度测算所将产生的交通碳排放量。该模型要求数据精度能够精确到空间尺度、时间计划(出行距离和出行时长等信息)、地理边界、机动车/出行工具基本信息、道路类型、计量的排放物类型等,是美国目前广为使用的免费计量软件。

欧洲的 TREMOVE model[2],它是在对 Copert 4 碳排放计算方法优化的基础上开发出的一个 CO_2 排放计算模型,在计算路面交通的碳排放时,需要输入机动车的类型、载重系数、燃油类型、车辆的生产时间、道路设施状况、交通通达性状况、行驶平均速度、热排放和冷排放的比例(引擎运行在常温时所排放的 CO_2 为热排放,在启动阶段排放的 CO_2 为冷排放)等数据。

2. EcoTransIT

一个网络的、评估不同交通模式碳排放的工具,由 IFEU(Institut für Energie-und Umweltforschung)开发。它是基于不同的机动车类型,通过设定它的装载系数和空载出行的影响要素等,输入机动车的型号,出行始发点和目的地等信息得到单次出行的排放量。这是一个微观尺度的碳排放计量,主要问题在于对数据要求质量高。其次是没有考虑间接能源生产过程中的碳排放问题[3](EcoTransIT 2008)。该方法使用了 GHG 相关的一些能源系数,同时在计量中发展了载重系数和空载系数等提升计算质量的因子。

3. NTM

NTM[4](Network for Transport and Environment)是瑞士的相关公益组织基于 EcoTransIT 开发的软件。相较于前者,它的进步在于:第一,它录入细节使得估计更加准确,包括机动车的引擎类型、燃油类型、载重系数等;第二,通过样本测试,设定了每种类型的机动车的平均系数,增加了对应于每个产品公司产生的碳排放的能源系数。它是一个更加细化的计算工具,但是对数据的要求深入到了机动车类型、燃油类型、能源质量等。

4. ARTEMIS

ARTEMIS[5](Assessment and Reliability of Transport Emission Modelling and Inventory Systems)是由欧盟资助开发的计量欧洲地区的交通碳排放软件。该软件主要的

---

① 资料来源:http://www.epa.gov/otaq/models/moves/index.htm.

② 资料来源:http://www.tremove.org/documentation/Final_Report_TREMOVE_9July2007c.pdf.

③ 资料来源:http://www.ecotransit.org/.

④ 资料来源:http://www.ntmcalc.org/index.html.

⑤ 资料来源:http://www.trl.co.uk/artemis/.

贡献在于：针对每个国家的具体情况，包括气候条件、能源生产、资源概况等测定了各个国家的相关系数。这个计量工具除去上述的细节要求外，还综合地考量地区的交通出行现状，道路设施状况，运营的实际效率等。

5.3 碳排放计算方法及指标的选取

基于交通距离的碳排放计算方法简单明了，且国外不少研究已计算得出各种交通方式的 CO_2 排放系数，但由于碳排放强度系数与交通方式所消耗的能源种类、车辆类型、大小、载客人数等都有关系，国内外在载客人数尤其是公共交通的载客人数上有很大区别，直接使用国外研究中各交通方式的碳排放系数并不可取，而国内在这方面并未有权威、统一的数据。因此，需要针对论文所研究的地区——上海，进行交通方式的碳排放强度计算。

通过前文对自下而上的能耗计算方法的介绍，发现根据此种方法可以计算各交通方式的碳排放强度值：根据各种交通方式每公里所消耗的能源、能源的碳排放因子以及交通工具的载客人数，即可计算得出。由于其计算过程中选用当地的数据，更为符合地域的实际情况，因此计算更为准确。

由于国内尚无各燃料 CO_2 排放系数的权威数据，因此本书的相关数据均选用 IPCC（联合国政府间气候变化专门委员会）编写的《国家温室气体排放清单导则（2006）》，具体数值见表 5-5。

表 5-5　IPCC 各燃料的 CO_2 排放系数及净热值

燃料类型	CO_2 排放系数（kg·TJ^{-1}）			净热值（TJ·Gg^{-1}）
	缺省值（kg·TJ^{-1}）	低值	高值	
原煤	96 100	72 800	100 000	18.9
汽油（机动车）	69 300	67 500	73 000	44.3
柴油	74 100	72 600	74 800	43.0

数据来源：IPCC. 2006IPCC guidelines for national greenhouse gas inventories. IPCC，2006. http://www.ipcc-nggip.iges.or.jp/public/2006gl/pdf/2_Volume 2/V2_3_Ch3_Mobile_Combustion.pdf.

1. 小汽车

C_i 每公里能源消耗量：小汽车的油耗与排量大小有关，排量越大，油耗越大。根据李永芳（2008）[12] 的研究：我国家用小汽车的排量小于等于 1.4 L 时，百公里油耗平均值为 7 L；排量为 1.5～1.6 L 时，百公里油耗均值为 8.16 L；排量为 1.8～2.0 L 时，均值为 9.37 L。李永芳在分析上海市家用小汽车的百公里油耗量时采用的平均值为 8.8 L。由于缺乏上海市的官方数据，因此在本书中，选用 0.088 L/km 进行计算。

ρ_i 能源密度：上海市小汽车以 93$^\#$ 汽油作为能源，汽油密度为 0.725 kg/L。

q_i 能源的热值：汽油的净热值为 44.3×10^{-6}TJ/kg。

e_i 能源的 CO_2 排放强度：汽油所排放的 CO_2 系数为 69 300 kg/TJ。

P_i 载客人数：根据上海市第四次综合交通调查总报告[8]，2009 年私人小汽车的平均每车次载客人数为 1.6。根据 D. Stead 的研究，不同出行目的情况下小汽车的载客人数有很大差别（表 5-6）。

表 5-6	不同出行目的小汽车平均载客人数
出行目的	平均载客人数/(人·车次$^{-1}$)
通勤	1.2
商务/教育	1.2
送孩子上学	2.2
购物	1.9
节假日游玩	2.7
其他休闲活动	2.1
所有出行目的	1.7

由于未能找到国内关于小汽车通勤出行时载客人数的数据,而直接采用所有出行目的下小汽车的载客人数,将会导致在计算通勤出行的碳排放量时产生较大误差。鉴于上海市私人小汽车的平均载客人数(1.6)与 D. Stead 研究中平均载客人数(1.7)十分接近,因此本书选取其研究中的 1.2 人/车次作为通勤出行的载客人数。

E_i 小汽车的碳排放系数:由公式 $E_i=C_i\times\rho_i\times q_i\times e_i/P_i$ 计算得出,小汽车的碳排放系数为:163.22 g/pkm。

2. 常规公交

C_i 每公里能源消耗量:根据赵敏等的研究,上海市公交车的百公里油耗量为 35～47 L,平均值为 40 L,在本文中取用 0.4 L/km 计算。

ρ_i 能源密度:上海市公交车主要消耗的能源为 0$^{\#}$ 柴油,其密度为 0.835 kg/L。

q_i 能源的热值:柴油净热值为 43×10^{-6} TJ/kg。

e_i 能源的 CO_2 排放强度:柴油排放系数为 74 100 kg/TJ。

P_i 载客人数:上海市公交车普遍为 12 m 长 28 座的车辆,高峰期与非高峰期时公交车的载客人数会有显著差别,然而由于缺少高峰期公交的载客人数,因此在计算时根据经验值,设定高峰期的载客人数为 50 人/车次。

E_i 常规公交的碳排放系数:由公式计算得出,其系数为:21.28 g/pkm。

3. 轨道交通

C_i 每公里能源消耗量:轨道交通采用电力牵引,根据上海申通地铁股份有限公司 2003 年年度报告[①],地铁的平均牵引电耗为 263.8 千瓦小时/百公里,考虑到其他能源消耗,耗能取为 600 千瓦小时/百公里。

q_i 能源的热值:原煤的净热值为 25.8×10^{-6} TJ/kg。

e_i 能源的 CO_2 排放强度:原煤的 CO_2 排放系数为 94 600 kg/TJ。

P_i 载客人数:上海市地铁运行的车辆为 A 型车和 C 型车,A 型车的单节车厢额定最大载客量为 420 人,而据相关实测数据表明,载客量在高峰时段可以达到 500 人/车厢。C 型列车单节车厢额定最大载客人数为 224 人,实测可以达到 250 人/车厢。2010 年,上海市运行 A 型车的线路有 1、2、3、4、7、9、10 号线,运行 C 型车的线路有 5、6、8 号线。对高峰

---

① http://app. finance. ifeng. com/data/stock/ggzw/600834/11739753.

时段载客量进行加权计算得出每节车的载客人数为：$500 \times 70\%$（A型车线路所占比重）$+250 \times 30\%$（C型车线路所占比重）$=425$ 人/车次。

E_i 轨道交通的碳排放系数：计算得出上海市地铁的 CO_2 排放系数为 13.1 g/pkm（高峰），32.8 g/pkm（平峰）。

4. 出租车

C_i 每公里能源消耗量：上海市出租车的百公里油耗量为 $9 \sim 11$ L，平均值为 10 L，因此每公里消耗汽油 0.1 L/km。

ρ_i 能源密度：上海市出租车以 93# 汽油作为能源，汽油密度为 0.725 kg/L。

q_i 能源的热值：汽油的净热值为 44.3×10^{-6} TJ/kg。

e_i 能源的 CO_2 排放强度：汽油所排放的 CO_2 系数为 69 300 kg/TJ。

P_i 载客人数：根据上海市第四次综合交通调查总报告，2009 年上海市出租车平均每日每车次载客人数为 1.7 人，里程利用率为 61%，计算得出租车平均每日载客人数为 $1.7 \times 61\% = 1.0$ 人/车次。

凭经验可以判断，出租车在高峰期的每车次载客人数要比每日平均值高，而高峰期的空驶率会比每日平均值低，因此并不能判断高峰期的载客人数是否会低于 1.0 人/车次。由于缺乏出租车在高峰时期的平均每车次载客量以及里程利用率，因此以每日的平均载客人数代替通勤时的载客人数。

E_i 出租车的碳排放系数：上海市出租车的 CO_2 排放系数为 222.57 g/pkm。

5. 摩托车

C_i 每公里能源消耗量：摩托车的百公里油耗根据车型的不同而差异很大，在 $2 \sim 4$ L 之间，取均值 3 L，得每公里油耗量为 0.03 L/km。由于上海市摩托车使用的是 93# 汽油，其密度、热值及 CO_2 排放强度分别为 0.725 kg/L、44.3×10^{-6} TJ/kg、69 300 kg/TJ。

由于相关文献研究及统计报告中均未能找到摩托车的平均每车次载客人数，因此只能对其值进行设定。摩托车的额定载重一般为 75 kg，而成年人的体重一般在 50 kg 以上，因此不考虑两成年人同时乘坐一辆摩托车通勤的情况。设定通勤出行时摩托车的载客人数为 1.0 人/车次。

E_i 摩托车的碳排放系数：66.77 g/pkm。

6. 电动自行车

C_i 每公里能源消耗量：目前市场上销售的普通功率的电动自行车百公里耗电量为 1.2 kWh，而功率稍大的电动车百公里耗电量为 1.5 kWh，本书取平均值百公里 1.3 kWh 进行计算。转化为原煤为 0.006 3 kg/km。

原煤的热值及 CO_2 排放系数见轨道交通的碳排放计算。取电动自行车的载客人数 1.1 人/车次。

E_i 电动自行车的碳排放系数：15.32 g/pkm

7. 单位班车

上海市单位班车普遍采用的是大中型客车，其座位数在 $20 \sim 36$ 之间，由于单位班车一般仅在上下班高峰期运行，因此其载客人数并不存在高峰期和非高峰期的波动。本书取平均值 28 人/车次。单位班车使用的为 0# 柴油，由于缺乏单位班车的油耗量，因此采用公交车 0.4 L/km 进行计算，得出单位班车的 CO_2 排放系数为：38.01 g/pkm。

8. 超市班车

上海超市班车的日均发车班次为 0.98 万车次,日均客运量为 31.9 人次[①],计算得出平均每车次运载 32.5 人次,考虑到高峰期和非高峰期的载客差异,本文取 40 人次/车次进行计算。

由公式可计算出超市班车的 CO_2 排放系数为:26.60 g/pkm。

9. 非机动交通

非机动交通指的是步行和自行车,对于这两种交通方式,在本文中以零碳排放进行计算。

参 考 文 献

[1] Greenhouse Gas protocol,2005,http://www.ghgprotocol.org/.

[2] STEAD D. Relationships between transport emissions and travel patterns in Britain [J]. Transport Policy,1999(6):247-258.

[3] BECKY P. Y. L., LINNA L. Carbon dioxide emissions from passenger transport in China since 1949: Implications for developing sustainable transport [J]. Energy Policy, 2012(50):464-476.

[4] FABIO G., JEROEN C. J. M., OMMEREN J. M. An empirical analysis of urban form, transport, and global warming [J]. The Energy Journal,2008,29(4):97-122.

[5] IPCC. 2006 IPCC guidelines for national greenhouse gas inventories. IPCC, 2006 http://www.ipcc-.

[6] SCHIPPER L., FABIAN H., LEATHER J. Transport and Carbon Dioxide Emissions:Forecasts, Options Analysis, and Evaluation [R]. Asian Development Bank , Manila, 2009.

[7] CHRISTIAN B., ANNA G., HARRY R., et al. Associations of individual, household and environmental characteristics with carbon dioxide emissions from motorized passenger travel [J]. Applied Energy, 2013(104):158-169.

[8] 赵敏,张卫国,俞立中.上海市居民出行方式与城市交通 CO_2 排放及减排政策[J].环境科学研究, 2009,22(6):747-752.

[9] 朱松丽.北京、上海城市交通能耗和温室气体排放比较[J].城市交通,2010(3):58-63.

[10] 童抗抗,马克明.居住-就业距离对交通碳排放的影响[J].生态学报,2012,32(10):2975-2984.

[11] PADGETT J. P., STEINEMANN A. C., et al. A comparison of carbon calculators [J]. Environmental Impact Assessment Review,2008(28): 106-115.

[12] 李永芳,钱宇彬.我国家用轿车运行成本分析[J].汽车与配件,2008(2):52-54.

---

① 上海市城乡建设和交通委员会,上海市城市综合交通规划研究所.上海市第四次综合交通调查报告,2010。

第 6 章

城市街区形态与交通出行

城市交通是经济增长的发动机,但也会对世界的能源和环境问题产生巨大的影响。数十年来,许多研究者从工程、自然科学和社会科学等不同领域研究如何才能减少交通的负面影响。一系列的研究表明,技术发明和行为变化是实现可持续城市交通的关键。

同样,城市规划学者对这个问题也有一系列的研究,试图探讨城市的建成环境,城市形态对交通出行的影响。大家一个基本的观点是交通是人们为了克服空间障碍实现参与到一定的社会经济活动的一个重要的工具,交通本身不是最终目的,所以通过土地使用的调整可以改变人们交通出行的行为[1-3]。然而最近的一些研究,特别是美国学者的研究结论却是难以捉摸的[4-5]。尽管在大都市的层面,空间结构对交通出行有明显的影响[6-7]。但在街区层面的城市设计和土地使用如何影响人们的出行并不是特别明确[8]。

对这个现象的一个解释是在美国由于高度的小汽车化和后工业时代缺少大规模的建设,城市土地使用与交通的联系非常薄弱。小规模的商业开发、住宅建设对整个城市的空间结构的冲击非常小,并且这种建设大多是低密度和依赖于小汽车的。另外,一般而言小汽车化已经成为一种生活方式和价值取向。如旧金山湾区的研究表明社会价值观和生活方式对人们交通出行的影响最大[9]。一些学者的研究表明土地使用和社会经济变量的确对回归方程在统计上是有显著的影响,但解释力很弱。

基于美国在土地使用和交通的研究结论也许并不宜于应用到其他国家,特别是一些经济高速发展的发展中国家[10]。在那些国家,土地使用规划可以对整个大都市地区的空间结构产生即刻和显著的影响。另外,在一些国家,如在中国实行的是土地公有制,政府能够采取土地使用的战略达到所期望的交通的效果。同样,许多国家和地区政府,可以通过价格和其他政策使土地使用对交通出行起到调节和影响的作用[11]。因此,为了丰富和深入了解土地使用和交通的关系,我们必须扩展研究的领域和地区。过去 20 年,许多学者在此进行了不懈的努力,并且已有一些研究成果[12-15]。

这里我们通过上海的实证研究,探讨城市形态和交通出行的关系。本研究的目标主要有两个方面:其一,通过该研究了解如何通过有效的土地使用策略减少中国大城市机动化出行的需求。这方面的经验和知识对快速发展的中国非常重要。因为经济的快速发展,一般会伴随个体机动化的快速增长,这将会带来严重的环境和社会问题[16-17]。其二,从这个研究中我们更进一步了解在经历快速发展的城市,城市建成环境与交通出行的关系,为其他类似的城市提供必要的经验。

6.1 研究问题和数据来源

可持续发展是上海城市的一个关键的发展目标。然而,城市交通的某些方面的确向相反的方向发展。尽管与某些城市相比,上海比较早地采取了小汽车拥有限制的策略,但上海的机动车也在快速增长(图 6-1),特别在外围地区。而城市的公交车比例的上升非常困难,同时自行车和步行的比例也在下降(图 6-2)。如何能够控制机动化的快速增长,鼓励公共交通,保持自行车和步行交通的比例,对此上海也面临着严重的挑战。

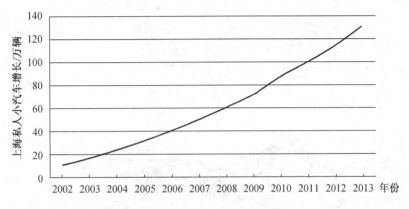

图 6-1 上海私人机动车的增长

上海公共交通比例变化

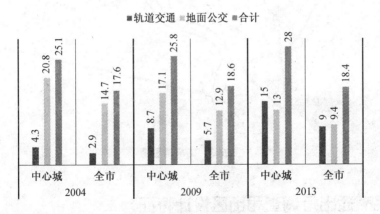

图 6-2 上海公交比例变化

这里的一个基本研究问题是,街区尺度的城市形态是否会对个人的出行选择有显著的影响?与城市可持续发展目标相对应,我们特别有兴趣发现,到底是哪些城市的土地使用和设计特征会有利于传统的交通方式。

本书的基本研究方法是应用逻辑斯蒂克回归模型,通过控制个体的其他社会经济变量,研究城市形态要素对居民出行的影响。这里主要研究的是交通方式的选择,所以我们需要收集个体的交通行为、社会经济特征和城市形态的特征。

本书选择了上海的 4 个街区,即卢湾、八百伴、康健和中原进行实证研究(图 6-3)。这 4

个街区的城市形态各异,卢湾和八百伴接近城市的中心。卢湾是 20 世纪三四十年代建立起来的传统街区,八百伴地区是 20 世纪 90 年代才形成一定的气候。康健和中原分别位于城区的南北边缘,接近城市的副中心。但这两个地区的社会经济特征有很大的差别,康健地区的居民平均收入水平比中原地区要高些。

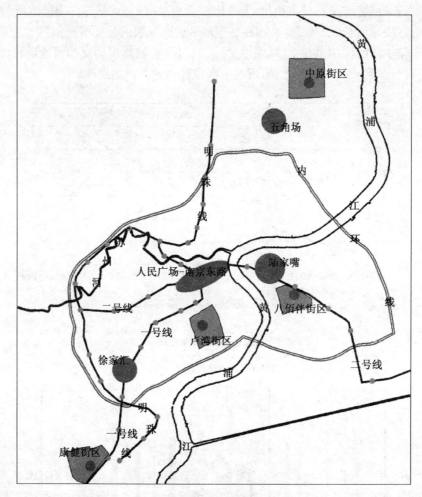

图 6-3　街区位置图

6.2　居民交通出行调查和街区设计特征

我们通过面对面的问卷调查收集人们的出行行为和社会经济特征,问卷的问题有 3 类,分别为:

(1) 被访者的社会经济特征,包括年龄、性别、职业,家庭规模,收入和车辆拥有水平;

(2) 个人的出行特征,这里我们统计了被访问者前天和日常的出行信息,包括出行的起点和终点,交通方式,出行目的和出行时间等;

(3) 交通出行的主观评价,包括速度、舒适性费用、灵活性、可靠性和安全性。

通过地理信息系统软件 ArcView,根据被访者所提供的交通出行起讫点信息计算出行的距离。调查共取得了 3 896 个样本,其中最少的八百伴有 672 个样本,最多的卢湾有 1 134 个样本。

同样用调查地区的地形图得到各个街区的土地使用数据。各街区的土地使用见图 6-4,表 6-1 是这些街区的用地统计。

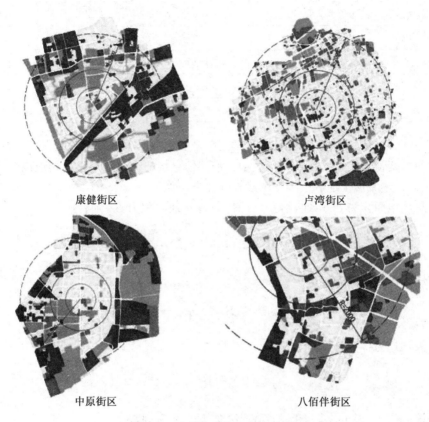

康健街区　　　　　　　　　　卢湾街区

中原街区　　　　　　　　　　八佰伴街区

图 6-4 上海 4 个街区的土地使用

表 6-1　　　　　　　　　　上海 4 个街区的土地使用构成

用地类型 \ 街区	康健街区 比例	卢湾街区 比例	中原街区 比例	八佰伴街区 比例
居住用地	38.87%	54.16%	30.03%	43.95%
商业用地	2.53%	5.69%	2.15%	6.79%
办公用地	0.09%	3.15%	0.92%	8.32%
文教用地	11.25%	2.93%	7.36%	1.61%
娱乐用地	0.21%	0.50%	0.95%	0.26%
医疗用地	0.41%	1.72%	2.81%	0.29%
工业用地	11.84%	7.95%	17.31%	9.04%
仓储用地	3.05%	0.18%	9.59%	6.11%

续表

用地类型 \ 街区	康健街区 比例	卢湾街区 比例	中原街区 比例	八佰伴街区 比例
道路用地	10.22%	16.87%	6.05%	9.05%
市政用地	8.37%	1.22%	5.34%	1.92%
绿　　地	8.17%	3.97%	12.74%	3.18%
未利用土地	2.63%	1.65%	4.75%	8.76%
河　　流	2.35%	0	0	0.73%
总计	100.00%	100.00%	100.00%	100.00%

"熵"原是一个热力学概念，统计物理学用它来表示分子不规则运动的程度，信息论中则把它作为随机变量无约束程度的一种变量。借用信息熵的概念来对城市用地混合度进行定量分析，用以描述城市土地利用类型的多样性。方法如下：

假定总用地面积为 S，用地分类为 m 种，每种用地面积为 S_i，则有：

$$S = \sum_{i=1}^{m} S_i \quad (i = 1, 2, \cdots, m) \tag{6-1}$$

各类用地占总用地的比例为：

$$P_i = S_i / S \quad \sum_i P_i = 1 \tag{6-2}$$

熵的表达式为：

$$H = -\sum_{i=1}^{m} (P_i) \ln(P_t) \tag{6-3}$$

根据该表达式，得出 4 个街区的用地熵，如表 6-2 所列：

表 6-2　　　　　　　　　　　　4 个街区用地熵指标

	卢湾社区	康健新村社区	潍坊新村社区	殷行中原地区
用地熵	1.626 039	1.377 414	1.934 576	1.130 18

可以看出，卢湾和潍坊街道的用地混合度较高，分别为 1.62 和 1.93，而康健和殷行的用地混合性较低，仅为 1.37 和 1.13。

卢湾街道位于市中心，从人员构成上来看，中小学生较少，故空间上中小学也较少，其余街区内均有幼儿园，部分有小学和中学，学生可以就近上学。

卢湾街道以淮海路两侧的大型商业服务设施及弄堂内部小型商业店面为主。其余街道则是由沿街的商业服务设施，如康健街区的浦北路、中原街区的包头路、潍坊街道的崂山东路。

社区商业服务设施中，卢湾街道的密度较高，里弄底层的小型商业店面较多，但服务水平较低。其次为中原街道，也存在层次较低的问题。康健和潍坊街道修建年代较晚，采用了大地块居住小区的模式，因此社区商业界面及密度均不高。特别是潍坊街道，调研范围内仅有 1 个菜场。

卢湾街道和潍坊街道有大型商业服务建筑,卢湾的市级商业中心和浦东商业中心——八佰伴。其余两个街道步行范围(800 m)内均没有大型商业设施。就这些街区的城市设计而言,除卢湾街区外,其余的几个地方都是按规划建设的,并且附近都有地区的商业服务设施(表 6-3)。

表 6-3　　　　　　　　　　　　　　　各街区空间设计基本特征

	淮海街道	康健街道	潍坊街道	中原地区
区位	中心区	边缘区	中心区	边缘区
用地特征	相对混合	相对单一	相对混合	相对单一
商业设施	丰富	一般	较少	一般
路网密度	大	中	小	小
道路空间提供	适宜于步行/非机动车	适宜于步行/非机动车	更适宜于机动车	不明显
公交设施	多	较多	少	少
轨道交通设施	丰富	相对缺乏	丰富	一般

城市设计的另一个表示是交通服务质量和街区的网络设计。图 6-5 表示在卢湾街区网络密度最高,网络的可达性最高。而中原地区的网络密度最低。另外就公交服务而言,中原地区的常规公交的服务网络非常发达。而在康健和八百伴地区有轨道交通通过。

1. 公共交通设施水平

公共交通设施水平主要考察公交线路及站点密度。卢湾街道、潍坊街道位于中心区,因此经过的公交线路较多,康健和中原街道位于城市外围地区,故公交线路较少,站点情况与之类似。轨道交通方面,卢湾街道有 2 条线路,3 个站点经过调查街区,其次为潍坊街道,3条线路 2 个站点,康健街道为 2 条线路 1 个站点,中原仅有 1 条线路经过。

2. 步行出行环境

卢湾街道路网密度最高,道路宽度较窄(平均宽度为 15 m),有着宜人的出行尺度。这里也是人流活动极为密集的区域,机动车受到影响较大,50%道路上机动车较少,从道路空间划分来看,有利于非机动车的出行方式。

康健街道有两类道路:以桂林路为代表的对外联系通道,路面较宽,有非机动车道的划分;以浦北路为代表的内部交通通道,机非混行,道路宽度脚还在,较适宜非机动的出行方式。

根据以上分析可以得到 4 个街区的基本物质特征。卢湾街道与潍坊新村街道由于存在部分市级办公、商业设施,用地呈现相对混合状态,但卢湾街道道路更为密集,公交站点覆盖更为全面;而潍坊新村街道虽然公交线路较多,但受制于稀疏的城市道路网,从而影响到其公交站点密度。而康健新村街道与中原地区则属于比较纯粹的居住社区,居住用地占绝大多数,但康健新村有着较为充足的公交设施,而中原地区除拥有轨道交通 8 号线站点外,公交线路较少,同时道路密度小,公交站点密度也相应落后。

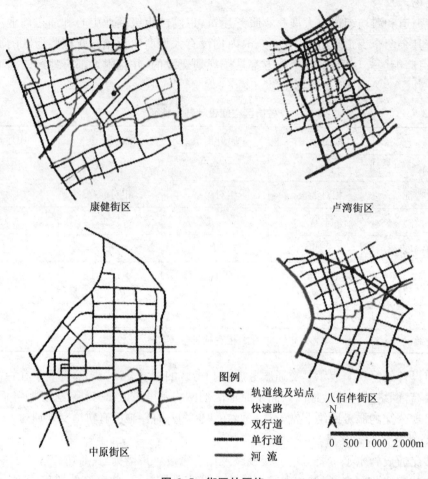

康健街区　　　　　　　　　　　　卢湾街区

图例
⊚ 轨道线及站点
━ 快速路
━ 双行道
┅ 单行道
～ 河　流

八佰伴街区
N

0　500　1 000　2 000m

中原街区

图 6-5　街区的网络

6.3　城市街区形态与交通方式选择

　　通过调查我们有 8 种交通模式,分别是步行,自行车,电动自行车,摩托车,公交,轨道交通,出租和小汽车。为了减化起见,我们将以上的 8 种交通模式合并为 3 类,分别是:

　　①非机动模式;②公共交通;③小汽车。这里出租车归为小汽车这一类,这主要是基于在出行阶段出租车与小汽车的特性更加接近。

　　我们用 MLR 方法进行分析。之所以采取这种方法,是由于人们采取何种交通方式取决于交通方式、社会经济、城市形态和文化的特征。交通方式的特征为出行时间、出行费用和交通方式的舒适性;社会经济特征有年龄、收入、车辆拥有等。为了区分城市设计特征的影响,我们必须将其他的影响区分开来。MLR 方法可以使我们达到这一目的。其次,交通方式我们使用一种离散变量来表示。正是由于因变量是离散变量的特点,我们不能应用常规的最小二乘法(OLS)来进行分析。逻辑斯蒂克的最大似然法可以克服常规最小二乘法的缺陷。我们应用两组逻辑斯蒂克方程。

$$\ln\left(\frac{P_{\text{transit}}}{P_{\text{NMM}}}\right) = \beta_{t0} + \beta_{t1} X_1 + \beta_{t2} X_2 + \cdots \tag{6-4}$$

$$\ln\left(\frac{P_{\text{car}}}{P_{\text{NMM}}}\right) = \beta_{c0} + \beta_{c1} X_1 + \beta_{c2} X_2 + \cdots \tag{6-5}$$

这里,$P(\cdot)$为选择某种交通方式的概率;X为自变量向量;β为参数向量。另外,$P_{\text{transit}}/P_{\text{NMM}}$ 和 $P_{\text{car}}/P_{\text{NMM}}$ 分别表示选择公共交通或小汽车与非机动方式的发生比。表 6-4 和表 6-5 分别是被访者的社会经济特征和交通出行特征。

表 6-4　　　　　　　　　　　　　　　统计摘要

变量	Mean	Std. Dev.	Min.	Max.
年龄/年	36.39	14.49	16	65
性别(女=1)	0.48	0.50	0	1
家庭规模/人数	3.19	0.97	1	13
月收入/元	3 057.39	2 167.69	500	12 000
出行时间/min	29.44	32.03	2	712
出行距离/m	5 324.21	5 375.39	37.30	31 990.66
自行车	1.32	0.96	0	7
小汽车	0.07	0.28	0	3
助动车	0.26	0.50	0	4

表 6-5　　　　　　　　　　　上海 4 个街区的交通方式

街区 方式	康健	卢湾	中原	八百伴
非机动	36.97%	71.51%	53.17%	42.33%
公共交通	50.11%	21.68%	40.96%	45.40%
小汽车	12.92%	6.81%	5.87%	12.27%
总计	100%	100%	100%	100%

表 6-6 是用 MLR 分析的结果。模型分析的结果有两部分,第一部分表示公共交通与非机动方式的发生比。第二部分表示小汽车与非机动方式的发生比。当然这三种方式中的任何一种都可以作为参照模式。回归的系数表示变量对发生比的影响。

表 6-6　　　　　　　　　　出行长度与各种要素的关系

	Coef.	Std. Err.	T-Stat
常数	7 394.0	593.6	12.46
个人收入/元	236.5	117.8	2.01

续表

	Coef.	Std. Err.	T-Stat
年龄/年	−433.7	83.0	−5.23
性别(女=1)	−693.3	241.9	−2.87
家庭规模	−72.5	124.6	−0.58
小汽车	1 290.8	442.2	2.92
卢湾(1:是;0:其他)	−2 835.8	262.5	−10.80
F (6, 1 812)=31.97			
Prob>F=0.000 0			
R-squared=0.095 7			
Adj R-squared=0.092 7			

从上表可见,收入与出行距离有直接的关系,收入越高出行距离越长。拥有小汽车出行距离也会增长。而在密度比较高的卢湾街区,出行距离受到抑制。

在表 6-7 中出行时间变量在两个模型中的系数都为正,这说明出行时间越长,人们越愿意选择公共交通和小汽车,而不是步行和自行车。通过发生率我们可以定量地估计人们选择某种交通方式的偏好。如与时间相关的发生比为 1.068,这表示在其他情况一样的条件下,出行时间每增加一分钟选择公交车的概率是选择非机动化方式的 1.068 倍。同样我们可以得到出行时间每增加一分钟,选择公交是选择小汽车的 1.043 倍。对卢湾街区人们选择公共交通、小汽车的可能性都要小于非机动化的方式。而性别和小汽车的拥有对人们选择公共交通或非机动化的方式没有影响,但对选择小汽车还是非机动化方式有显著影响。

表 6-7　　　　　　　　　　　　交通方式选择的模型

	Odds Ratio	Coef.	Std. Err.	z
1. 公共交通与非机动方式的发生比				
出行时间	1.068	0.029	0.004	17.40
个人收入/元	1.156	0.063	0.070	2.39
年龄	0.813	−0.090	0.035	−4.76
性别(女=1)	1.205	0.081	0.148	1.52
家庭规模	0.872	−0.059	0.058	−2.04
小汽车	0.828	−0.082	0.223	−0.70
在卢湾	0.471	−0.327	0.067	−5.33
2. 小汽车与非机动方式的发生比				
出行时间	1.025	0.011	0.006	4.16

续表

	Odds Ratio	Coef.	Std. Err.	z
个人收入/元	1. 294	0. 112	0. 115	2. 90
年龄	0. 865	−0. 063	0. 057	−2. 21
性别(女＝1)	0. 540	−0. 268	0. 106	−3. 15
家庭规模	0. 786	−0. 105	0. 085	−2. 24
小汽车	6. 133	0. 788	1. 474	7. 55
在卢湾	0. 609	−0. 215	0. 128	−2. 35
LR chi2(14)＝783. 10				
Prob ＞ chi2＝0. 000 0				
Log likelihood＝−1 262. 560 4				
Pseudo R2＝0. 236 7				

参 考 文 献

［ 1 ］LANSING J. B. , MARANS R. W. , ZEHNER R. B. Planned Residential Environments［R］. Ann Arbor MI: Survey Research Center, Institute for Social Research. 1970.

［ 2 ］CERVERO R. Jobs-housing balancing and regional mobility［J］. Journal of the American Planning Association. 1989,55(2): 136-150.

［ 3 ］NEWMAN P. , KENWORTHY J. Sustainability and Cities: Overcoming Automobile Dependence ［M］. Washington. DC,USA: Island Press, 1999.

［ 4 ］CRANE R. The influence of urban form on travel: an interpretive review［J］. Journal of Planning Literature , 2000,15(1):3-23.

［ 5 ］KRIZEK K. J. Residential relocation and changes in urban travel: does neighborhood-scale urban form matter? ［J］. Journal of the American Planning Association, 2003,69:265-281.

［ 6 ］Shenqing. Spatial and social dimensions of commuting［J］. Journal of the American Planning Association , 2000,66(1):68-82.

［ 7 ］Yangjiawen. The Spatial and Temporal Dynamics of Commuting-Examining the Impacts of Alternative Land Development Patterns, 1980—2000［D］. Cambridge, Massachusetts, USA: Massachusetts Institute of Technology,2005.

［ 8 ］BOARNET M. G. , SARMIENTO S. Can land-use policy really affect travel behaviour? A study of the link between non-work travel and land-use characteristics［J］. Urban Studies, 1998, 35 (7): 1155-1169.

［ 9 ］KITAMURA R. , MOKHTARIAN P. L. , LAIDET L. A micro-analysis of land use and travel in five neighborhoods in the San Francisco Bay Area［J］. Transportation, 1997,24(2):125-158.

［10］Shenqing. Urban transportation in Shanghai, China: problems and planning implications ［J］. International Journal of Urban and Regional Research, 1997,21(4):589-606.

［11］Zhangming. The role of land use in travel mode choice: evidence from Boston and Hong Kong［J］. Journal of the American Planning Association, 2004,70(3): 344-360.

［12］CERVERO R. The Transit Metropolis: A Global Inquiry［M］. Washington. DC,USA: Island Press,

1998.

[13] GAKENHEIMER R. Land use/transportation planning：new possibilities for developing and developed countries[J]. Transportation Quarterly，1993，47(2)：311-322.

[14] 潘海啸. 快速交通系统对形成可持续发展的都市区的作用研究[J]. 城市规划汇刊，2001(4)：43-46.

[15] ZACHARIAS J. Bicycle in Shanghai：movement patterns，cyclist attitudes and the impact of traffic separation[J]. Transport Reviews，2002，22(3)：309-322.

[16] Chinese Academy of Engineering and National Research Council of the National Academies. Personal Cars and China [M]. Washington，DC：National Academies Press，2003.

[17] SCHIPPER L.，NG W-S. Rapid Motorization in China：Environmental and Social Challenges[R]. Washington，DC：EMBARQ，World Resource Institute，2004.

第 7 章

城市街区形态与交通出行 CO_2 排放

7.1 居民出行碳排放计算方法

在城市层面计算居民的出行碳排放,采取的是通过某种交通方式出行的总距离,加上这种交通方式的能源消耗特征参数,来求解这一类交通方式的能源消耗总量,进一步转化为碳排放进行计算。居民个体的出行碳排放计算中,从调查问卷中获取居民的出行链概况(表7-1),通过出行链求解各个交通方式的出行距离,再分别和各交通方式的能耗特征参数相乘,获得其能源消耗以及碳排放当量。

这一过程中,为了使得微观样本的碳排放计算结果和总体的碳排放计算结果保证一定的可比性,我们在能源消耗特征的参数、不同能源的碳排放参数选取上,保持一致,从而实现这一目的。

表 7-1　　　　　　　　　　上海市 4 个街区居民出行调查——出行链问卷示意

出行次序	出发		到达		出行目的	出行方式	交通费用
	时间	地点	时间	地点			(元)
第一次	9：00	家庭住址	9：20	赤峰路近中山北二路	①	G	4
第二次	9：30	离开上一次到达的地点	9：45	赤峰路近四平路	①	F	2
第三次	17：00	离开上一次到达的地点	17：20	曲阳路近玉田路	⑤	A	0
第四次	18：00	离开上一次到达的地点	18：10	家庭住址	③	F	2

根据出行链的问卷调查数据,以及本书第 3 章获取的不同交通方式的碳排放因子,得到居民样本个体的碳排放计算公式:

$$CO_S^2 = \sum_{i=1}^{n} (L_i \times E_{ik} \times \alpha_k) \ (k = [1, 7], k \in \mathbf{Z}) \tag{7-1}$$

式中　CO_S^2——居民样本个体的一般工作日出行碳排放;

　　　i——居民在一般工作的出行链的长度共有 n 步;

　　　L_i——居民的工作日出行链中第 i 步骤的出行距离;

　　　k——问卷居民工作日出行的 7 种不同的交通方式;

　　　E_{ik}——居民出行链第 i 步骤的采取的第 k 种出行方式的能耗特征;

α_k——第 k 种出行方式所用能源的碳排放因子。

居民的交通出行特征一般包括出行次数、出行目的、出行方式、出行距离、费用、时间等多个方面。我们选取出行链的长度、出行链中各步出行的目的、方式以及距离作为研究对象进行研究,这里我们仅将出行目的划分为通勤出行和非通勤出行两部分。

7.2 出行链与交通方式

1. 出行链的长度

出行链的长度是指居民在一天当中,一共出行了多少次。这一出行链的长度于传统意义的出行次数概念并不相同。在出行链长度中,上班、回家出行将进行分别计算,而不再统一算做一次通勤交通。这里我们筛选出共 1 235 条有效的出行链,进行分析得到如下出行链长度的分析数据,如表 7-2 所列。

表 7-2 出行链长度统计表

		出行链长度	通勤总量	非通勤总量
N	有效	1 235	1 235	1 235
	缺失	0	0	0
均值		2.96	2.12	0.84

我们可以看出,在 4 个街区的 1 235 条出行链数据中,平均的出行链长度为 2.96 次。出行链中通勤交通出行的次数平均为 2.12 次,非通勤出行的次数为 0.84 次。

同时,如表 7-3 所列,通过出行链长度的频率统计可以看出,在所有的出行链数据中,仅有 2 次出行的出行链数量最多,占总量的 50.6%,出行链长度为 3 次的出行链占总量的 11.8%,出行链次数为 4 次的出行链占总出行链的比例为 18%。其他的出行链则样本量较小。

表 7-3 出行链长度

		频率	百分比	有效百分比	累积百分比
有效	0	9	0.7	0.7	0.7
	1	62	5.0	5.0	5.7
	2	625	50.6	50.6	56.4
	3	146	11.8	11.8	68.2
	4	224	18.1	18.1	86.3
	5	70	5.7	5.7	92.0
	6	62	5.0	5.0	97.0
	7	14	1.1	1.1	98.1
	8	23	1.9	1.9	100.0
合计		1 235	100.0	100.0	

同时,我们也分别对出行链中通勤部分和非通勤部分进行了频率统计,可以看出出行链中通勤出行的次数主要为两次,而非通勤出行的次数则以没有非通勤出行为最多,随着出行次数的增多而比例逐渐降低。

在进行总体的出行链长度分析之后,通过 4 个街区的不同分组又对各自的出行链长度进行了分类统计,从而进一步观察对于 4 个街区而言,出行链的长度特征有何不同。

可以看到对于淮海街道而言,总共拥有 284 个出行链样本。其居民的出行链长度平均为 3.33 次,其中通勤交通 2.49 次,非通勤交通 0.84 次。这一出行链长度较总体的出行链长度而言较高,说明淮海街道的居民在日常的生活中,出行次数更多,以及出行的方式选择更加丰富。

对于康健街道而言,总共拥有 425 个出行链样本。其居民的出行链长度平均为 2.73 次。其中通勤交通 2.01 次,非通勤交通 0.72 次。

对于潍坊街道而言,总共拥有 342 个出行链样本。其居民的出行链平均长度为 3.18 次,其中通勤交通 2.03 次,非通勤交通 1.15 次。

对于殷行中原街道而言,总共有效出行链样本 184 个。居民的出行链平均长度为 2.48 次。其中通勤交通 1.95 次,非通勤交通 0.53 次。

通过 4 个街区的出行链长度的频率分布我们可以发现(表 7-4),淮海街道和康健街道的出行链长度,普遍较长,尤其是 3 次出行以上的出行链比例,高出其他两个街道约一倍。

表 7-4　　　　　　　　　　　　上海 4 个街区出行链长度频率分布

| | 出行链长度频率 | | | | | | | | | 合计 |
	0	1	2	3	4	5	6	7	8	
淮海		2.1%	40.1%	13.4%	27.1%	8.1%	5.6%	0.7%	2.8%	100.0%
潍坊	0.9%	4.9%	60.2%	8.5%	14.8%	4.7%	3.1%	1.4%	1.4%	100.0%
康健	0.3%	0.9%	48.8%	14.0%	18.7%	6.4%	7.6%	1.2%	2.0%	100.0%
殷行	2.2%	17.4%	47.8%	13.0%	10.9%	2.7%	3.8%	1.1%	1.1%	100.0%
合计	0.7%	5.0%	50.6%	11.8%	18.1%	5.7%	5.0%	1.1%	1.9%	100.0%

而潍坊街道、淮海街道拥有的非通勤出行链长度最高,分别为 1.15 次和 0.84 次。这一现象应当与这两个街道在城市中的区位有密切联系,潍坊街道与淮海街道分别紧邻着城市重要的商业金融中心。

对于通勤交通而言,我们可以看到淮海街道的通勤交通次数 2.49 次比其他街道都相对较高,其他 3 个街道的这一数据都在 2 次上下浮动。这一数据说明了淮海街道的居民,在进行通勤出行时,可以选择更多的交通方式,存在更多的换乘行为。这一现象的出现,与淮海街道周边的交通设施有密切的联系,淮海街道属于老城市中心区,道路网络密度高,各种交通方式供给较为充足,居民在出行时拥有更多的选择空间。我们用出行链长度这一数据,与样本居民的社会经济属性进行了简单的相关性分析,结果见表 7-5。

表 7-5 出行链长度与社会经济属性的相关分析

		出行链长度	age	gender	famnum	income	car	bike
出行链长度	相关系数	1.000	0.026	0.093**	−0.019	0.015	−0.015	0.007
	Sig.（单侧）		0.130	0.000	0.228	0.263	0.280	0.389
	N	1 235	1 220	1 207	1 202	1 155	1 226	1 226

注：** 在置信度（单侧）为 0.01 时，相关性是显著的。

可以看到经过相关分析，居民的出行链长度，在居民的社会经济属性定序变量中，仅与性别呈现高度正相关，即男性的平均出行链较短，女性的平均出行链较长。实际上，在相关性的检验过程中，笔者还发现出行链的长度与居民的职业也存在很高的相关性。离退休人员的出行链长度一般较长，职员、雇主等职业的出行链长度也较长，而学生、工人等出行链长度较短。

我们进一步将出行链的长度，与 4 个街区的空间特征数据（以街区为单位的空间特征数据）进行相关性分析，如表 7-6 所列，可以发现出行链的长度与很多街区的区位、空间特征联系密切。其中与街区距离城市中心的距离呈明显的负相关，即离城市中心越远，出行链长度越短；与街区的用地熵（街区的用地混合度特征值），呈明显的正相关，即街区的用地混合度越高，出行链长度越长；与区域中心的距离也呈现负相关，即离区域中心的距离越远，出行链长度越短。与街区内的超市数量呈现负相关。而出行链的长度，与街区的路网密度、商业面积、菜市场的数量等没有明显的相关关系。

表 7-6 出行链长度与空间设计特征的关系

			出行链长度	样本学校个数	样本菜场个数	样本医院个数	样本文娱个数	样本办公个数	样本超市个数	样本大商业	样本小商业	样本轨道交通站点	样本公交线路数	样本公交站点数	样本交叉口数
Kendall 的 tau_b	出行链长度	相关系数	1.000	0.035	0.027	0.067**	0.053*	0.155**	−0.083**	0.063**	0.039*	−0.002	0.034	0.047*	0.114**
		Sig.（单侧）		0.063	0.142	0.004	0.015	0.000	0.001	0.007	0.034	0.463	0.061	0.020	0.000
		N	1 235	1 235	1 235	1 235	1 235	1 235	1 235	1 235	1 235	1 235	1 235	1 235	1 235

注：** 在置信度（单侧）为 0.01 时，相关性是显著的；* 在置信度（单侧）为 0.05 时，相关性是显著的。

2. 出行链中的出行方式

居民在日常出行的出行链中，涉及的交通出行方式较多，一般包括有步行、自行车、电动车、小汽车、公交车以及轨道交通灯方式。有一些出行方式是特定出行行为中的主要方式，例如通勤出行链"离家出发——自行车——轨道交通——步行——上班地点"中，虽然步行和自行车都出现在出行链列表中，但是该次出行的主要出行方式仍为轨道交通。因此，居民的出行链中的出行方式种类较多，构成比例较为复杂。

1）非机动交通

非机动交通主要是指步行和自行车的出行方式，对于这两种出行方式，在本研究中视为碳排放为零。

2）助动车与摩托车

助动车与摩托车的出行方式在调查问卷中单独列出了统计项，我们根据出行距离进行计算相应的碳排放量，其中助动车和摩托车的排放系数分别为 15.3 g CO_2/pkm 和

66.7 g CO_2/pkm。

3）私人小汽车

私人小汽车的碳排放系数为 163.2 g CO_2/pkm。

4）出租车

出租车的百公里油耗数据比私人小汽车略高，排放系数为 222.5 g CO_2/pkm。

5）常规公交

上海市常规公交的百公里燃油消耗为 40 L/百公里，然而由于居民乘坐常规公共交通出行产生的碳排放，应当按照车上实有人数进行分担，因此在计算常规公共交通的单位距离碳排放强度时，必须分为高峰时段和非高峰时段进行分别讨论，乘客的人数和百公里能耗都将进行浮动变化，分别取为：21.3 g CO_2/pkm 和 53.2 g CO_2/pkm。

6）轨道交通

轨道交通的单位周转量碳排放计算方法与常规公共交通类似。然而，不同的轨道交通车型的载客量差别较大，在计算中应当予以区别对待。

问卷调查所选取的四个街区分别位于上海市不同的轨道交通线网区域，经过第一章中的比对分析，我们知道淮海、康健、潍坊三个街区采用 6 节、8 节混合编组的 A 型车厢为主要车型，而中原街区则仅有轨道交通 8 号线通过，采用的是 6 节编组的 C 型列车。同时考虑到不同的高峰时段、平峰时段的客流波动系数，取 40% 进行计算，高峰时间按 13.1 g CO_2/pkm 计，平峰按 32.75 g CO_2/pkm 计。

3. 出行链中的出行距离

出行长度是居民的交通出行特征中非常重要的一项数据。然而在实际的研究与调查中，由于数字化调查手段的缺失，常常无法获取这一数据。而如果在问卷调查时由居民填写，则常常由于空间感不同等因素，造成该项数据存在较大的偏差。因此，这一数据的采集一直存在着相当的困难。

我们根据上海市的 GIS 地理信息文件，同时将问卷调查所得的原始数据中的道路名称等数据进行了校核与处理，取得了 1 235 条有效的出行链数据，并对于这批数据的居民出行距离详细地进行了计算。计算结果如表 7-7 所列。

表 7-7　　　　　　　　　　　　居民出行距离的统计

		出行距离	通勤距离	非通勤距离
N	有效	1 235	1 235	1 235
	缺失	0	0	0
均值		9 467.10	7 535.72	1 931.38

我们可以看到，就调查数据的整体而言，居民的平均出行距离为 9.5 km，而这其中通勤出行的距离占了出行距离约 80%，为 7.57 km。非通勤出行的距离为 1.93 km。

通过出行距离的频率分布图我们可以发现，4 个街区居民的通勤出行有 80% 以上分布在 2 km 以内，而非通勤出行则大多数分布在 1 km 以内（图 7-1）。值得注意的是，通勤交通的出行距离分布较短,并不代表着居民的工作地点离家庭住址都十分近。这一出行距离分布特征,也可能是居民通勤出行换乘导致的(图7-2)。

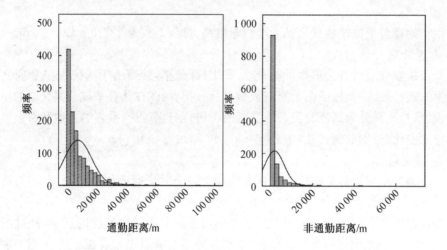

图7-1 居民通勤与非通勤出行链中各段出行距离的分布

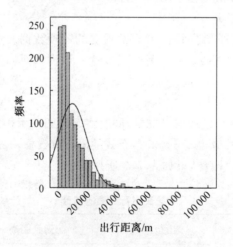

图7-2 居民一日出行距离分布

同样,我们可以通过4个街区的分组数据汇总来对比4个街区不同的居民出行距离特征。从表7-8可以看出,淮海街道和潍坊街道的平均出行距离最短,平均比康健街道和中原街道少1.5 km。而从通勤距离的对比中,我们可以看出潍坊街道的居民通勤距离最短,仅为5.6 km,相信这与潍坊街道紧靠浦东陆家嘴金融就业中心有一定的联系。中原地区因为周边没有大的集中就业中心,通勤出行距离最高,为9.5 km。从非通勤交通来看,潍坊街道因为靠近浦东商业购物中心,非通勤出行距离较高(可能与年龄结构也有联系,下文进行验证)。其次为康健街道和淮海街道,中原街道最低。

表 7-8 不同地区居民一日平均出行距离 单位:m

分组编号		出行距离	通勤距离	非通勤距离
淮海	N	284	284	284
	均值	8 692.38	7 086.51	1 605.88
康健	N	425	425	425
	均值	10 387.51	8 518.57	1 868.95
潍坊	N	342	342	342
	均值	8 262.56	5 607.65	2 654.91
中原	N	184	184	184
	均值	10 775.75	9 542.57	1 233.19
总计	N	1 235	1 235	1 235
	均值	9 467.10	7 535.72	1 931.38

7.3 居民出行碳排放

居民出行碳排放计算公式如式(7-1)所列,在通过 GIS 地理信息软件计算了居民出行链的各步骤的出行距离以后,结合每步骤的出行方式和该出行方式的碳排放强度,计算居民的出行碳排放,计算结果如表 7-9 所列。

表 7-9 计算有效统计数据 单位:g

	碳排放	通勤排放	非通勤排放
有效样本	1 296	836	1 130
均值	298.12	169.52	216.69

注:有效样本按出行段计,碳排放均值按通勤和非通勤的有效样本计。

可以看出,就整体的样本库而言,居民日常出行碳排放为 298.12 g,其中通勤出行平均为 169.52 g,非通勤出行的平均值为 216.69 g。通过碳排放的总体频率分布,我们可以看出大部分居民的出行仍采用步行和非机动的出行,或者是出行距离较短,形成了如下的居民出行碳排放频率分布,如图 7-3 所示。

为了进一步研究居民的采用机动车出行的碳排放情况,我们对于居民出行碳排放样本库进行筛选,选择碳排放大于零的这一部分数据进行统计,结果如表 7-10 所列。

表 7-10 居民机动化出行有效数据统计 单位:g

	碳排放	通勤排放	非通勤排放
有效样本	763	501	643
均值	506.37	282.87	380.47

注:有效样本按照出行段计,碳排放均值按通勤和非通勤的有效样本计。

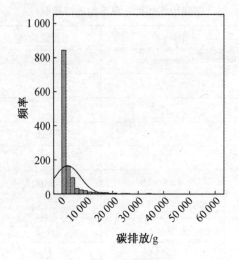

图 7-3 居民出行碳排放的分布

可以看出,在 1 296 个样本中,出行链中有采用机动车出行方式的居民共有 763 人,他们的平均出行碳排放为 506. 37 g,通勤碳排放为 282. 87 g,非通勤碳排放为 380. 47 g(图 7-4)。

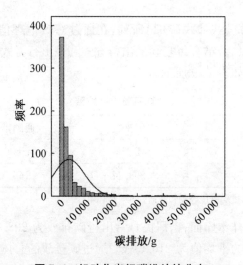

图 7-4 机动化出行碳排放的分布

通过采用机动方式出行的居民碳排放分布可以看出,出行链中仍然以低碳排放的出行为主,即在 1 kg 排放以下的出行占总出行量的 80% 左右。而在 1~2 kg 的排放量区间,也有 10% 左右的样本量。超过 2 kg 排放量的出行较少。我们明显地可以看出,高碳排放的群体具有人数比例少但排放量大的特征,因此我们应该针对这部分群体制订更有效的政策,保证城市低碳交通实现路径的有效性。

我们对于碳排放大于零的居民进行个案汇总,见表 7-11,可以看到如下的结果:

(1) 淮海街区共有样本 165 个,平均排放为 381. 02 g,为 4 个街区中的最低值,其中通勤排放 182. 73 g,也为 4 个街区中的最低值,非通勤排放 275. 43 g。

（2）康健街道共有样本 287 个，碳排放均值 529.27 g，其中通勤排放 351.86 g，为 4 个街区中通勤碳排放较高的地区，非通勤碳排放 376.68 g。

（3）潍坊街道共有样本 186 个，平均碳排放值为 623.05 g，为 4 个街区中的最高值。其通勤碳排放为 274.52 g，非通勤碳排放为 524.62 g，为 4 个街区中的最高值。

中原街区共有样本 125 个，碳排放平均值为 445.64 g，通勤排放为 304.47 g，非通勤交通为 281.75 g。

表 7-11　　　　　　　　　上海 4 个街区出行碳排放比较　　　　　　　单位：g

分组编号		碳排放	通勤排放	非通勤排放
淮海	有效样本	165	127	144
	均值	381.02	182.73	275.43
康健	有效样本	287	163	251
	均值	529.27	351.86	376.68
潍坊	有效样本	186	103	167
	均值	623.05	274.52	524.62
中原	有效样本	125	108	81
	均值	445.64	304.47	281.75
总计	有效样本	763	501	643
	均值	506.37	282.87	380.47

下面我们将 4 个街区的居民通勤碳排放和非通勤碳排放，与街区本身的空间特征进行相关性分析，得到结果如表 7-12 所列。

可以看到，居民的通勤交通碳排放，与交叉口数、公交站点数、小商业面积、是否有大商业、办公数量有关。

通勤交通碳排放与居民家庭周边的空间特征联系不大，而非通勤交通与居民家庭周边的街区特征联系密切。街区居民的非通勤交通碳排放，与许多因素相关性较高。公交站点数、小商业面积、文娱数量、医院数量、菜市场数量、学校数量等公共服务设施与非通勤交通的碳排放也有显著的相关性，即区域的公共服务设施水平越齐全，居民的非通勤碳排放越低。另外，与街区尺度的相关分析也保持了相似的结论。

最后，将居民的出行碳排放与居民的社会经济属性进行相关分析，如表 7-13 所列。居民的年龄、性别，与非通勤排放相关，即年轻人和女性的非通勤碳排放更高。家庭收入与居民的通勤碳排放正相关，即收入越高，通勤碳排放水平越高。

小汽车的拥有和非通勤排放均呈现高度正相关，即拥有小汽车的家庭，更倾向于使用小汽车进行出行，从而带来更高的碳排放。同时，如果家庭拥有助动车、摩托车实现通勤、购物、休闲等需求，从而降低了通勤、非通勤的碳排放，所以规划政策要加强对这部分群体的针对性。

表 7-12 碳排放与空间特征相关性

		通勤碳排放量	交叉口	公交站点数	公交线路数	是否有机道	小商业面积	是否有大商业	是否有大超市	办公数量	文娱数量	医院数量	菜场数量	学校数量
通勤碳排放量	相关系数	1.000	-0.091**	-0.100**	-0.013	-0.028	-0.050*	-0.097**	0.004	-0.111**	-0.003	-0.022	0.014	0.044
	Sig.(单侧)	.	0.002	0.001	0.335	0.220	0.049	0.004	0.459	0.001	0.462	0.270	0.342	0.089
	N	499	499	499	499	499	499	499	499	499	499	499	499	499
非通勤碳排放量	相关系数	1.000	-0.135**	-0.139**	-0.007	-0.031	-0.049*	0.017	0.016	-0.018	0.091**	-0.113**	-0.102**	0.068**
	Sig.(单侧)	.	0.000	0.000	0.402	0.170	0.034	0.304	0.308	0.279	0.001	0.000	0.000	0.009
	N	642	642	642	642	642	642	642	642	642	642	642	642	642

注：** 置信度为 0.01 时相关性显著，* 置信度为 0.05 时，相关性显著。

表 7-13 碳排放与居民的社会经济属性相关性分析

		碳排放量	年龄	性别	家庭成员数量	收入	自行车数量	小汽车数量	助摩数量
通勤碳排放量	相关系数	1.000	-0.042	0.031	-0.001	0.126**	-0.088	0.210	-0.092**
	Sig.(单侧)	.	0.115	0.216	0.487	0.000	0.008	0.000	0.009
	N	435	435	435	435	435	435	435	435
非通勤碳排放量	相关系数	1.000	0.057*	0.070*	-0.014	0.107**	-0.019	0.226**	-0.111**
	Sig.(单侧)	.	0.032	0.021	0.333	0.000	0.278	0.000	0.001
	N	561	561	561	561	561	561	561	561

第8章

城市近郊地区研究案例

随着城市的发展,城市外围近郊地区的人口迅速增长,并且人们的出行距离更长,我们也希望通过轨道交通的建设来抑制人们小汽车的出行,实现低碳城市建设的目标。为此本书选取了上海近郊的金桥和莘庄[①]两个地区作为实证研究的案例,因为这两个地区在上海市的区位条件相似,金桥为开发区发展带动的外围地区,而莘庄为轨道交通条件改善而发展的地区,两者均是外围地区常见的两种类型。通过对比外围地区不同类型地域的居民通勤碳排放特征及影响因素,研究出针对外围地区较为普遍的规律。

8.1 概况

金桥镇地处上海浦东新区中部,南临张江高科技园区,北依黄浦江,西与陆家嘴金融贸易区相望,东接外高桥保税区和港区,是国家级开发区——金桥出口加工区的主要开发区域,行政管辖面积 25.48 km²,辖 7 个村、7 个居民区和 1 个国际社区,户籍人口总数 2.8 万余人,流动人口 8.7 万余人,外籍居住人士 3 000 余人。

金桥镇围绕上海通用汽车公司,形成了汽车零部件生产、配送、物流研发的全方位、系列化配套格局,其中具有世界先进水平的上海汽车零部件配送中心企业已经成为通用汽车公司的全球最佳供应商。全镇总体经济实力已名列浦东郊区各镇前茅,人均创税位居上海市郊前列。

莘庄毗邻上海虹桥机场,东临梅陇镇,南与颛桥镇交界,西濒松江区,北与七宝镇接壤,距上海关港深水码头仅 6 km,经外环线 10 min 可达虹桥机场、45 min 可直达浦东国际机场。莘庄镇区域面积 19.53 km²,总人口 17.6 万人,其中户籍人口 8.8 万人,下设 5 个行政村、50 个居民委员会。

金桥和莘庄的区位见图 8-1。

1. 土地使用状况

1) 金桥

金桥用地主要是以居住和工业为主,研究范围为与金桥开发区相邻的西侧居住用地(图 8-2)。

2) 莘庄

莘庄的用地以居住和商业设施为主,研究地域范围主要集中在莘庄立交桥西南侧,以居住用地为主(图 8-3)。

---

① 为简化,下文中将金桥和莘庄分别用来指代金桥镇和莘庄镇。

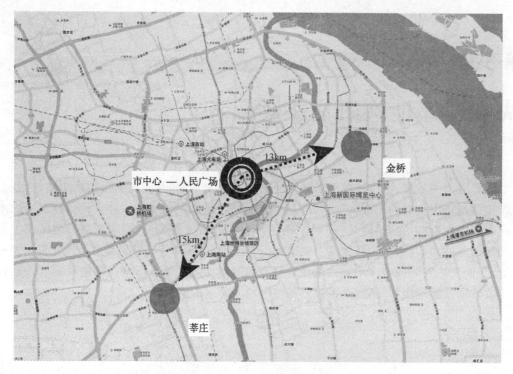

图 8-1　金桥和莘庄的区位

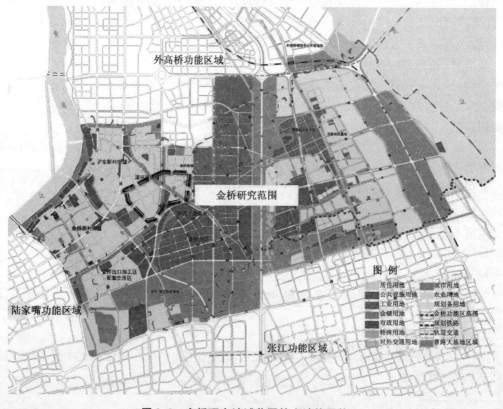

图 8-2　金桥研究地域范围的土地使用状况

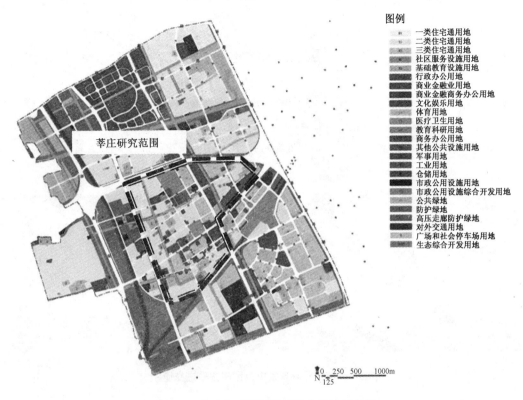

图例
　一类住宅通用地
　二类住宅通用地
　三类住宅通用地
　社区服务设施用地
　基础教育设施用地
　行政办公用地
　商业金融业用地
　商业金融商务办公用地
　文化娱乐用地
　体育用地
　医疗卫生用地
　教育科研用地
　商务办公用地
　其他公共设施用地
　军事用地
　工业用地
　仓储用地
　市政公用设施用地
　市政公用设施综合开发用地
　公共绿地
　防护绿地
　高压走廊防护绿地
　对外交通用地
　广场和社会停车场用地
　生态综合开发用地

图 8-3　莘庄研究地域范围的土地使用状况

2．交通条件

1）金桥

金桥调查范围附近建设有轨道交通 6 号线,离调查小区较近的 3 个地铁站分别为五莲路、博兴路和金桥路站。6 号线贯穿整个浦东新区,北起高桥镇港城路,南至三林地区主题公园,全长约 33.1 km,与轨道交通 2 号线及 4 号线在世纪大道换乘,于 2007 年通车。在建的轨道交通 12 号线从金桥北侧通过;规划轨道交通 9 号线延长段从东南侧穿过(图 8-4)。

调查集中范围是指调查的居住小区主要分布范围,由图 8-4 调查集中范围与轨道交通 6 号线的关系可以看到,主要的调查小区跟轨道交通有一定的距离。

2）莘庄

莘庄站轨道交通 1 号线和 5 号线首尾相接,莘庄的发展得益于轨道交通 1 号线的开通,其是上海的第 1 条地铁,亦为上海轨道交通最为繁忙、最重要的大动脉。1 号线最早于 1993 年 5 月试运营,莘庄站于 1996 年 12 月使用。1 号线全长 37 km,南起闵行区莘庄站,北至宝山区富锦路站,穿过上海市中心——人民广场。5 号线于 2003 年运行,全长 17.2 km,北起闵行区莘庄站,南至闵行开发区。

区域内有地铁、轨道交通、高速公路和目前亚洲第一的莘庄公路立交桥等,构成了较为发达的交通网络,使莘庄成为人流、物流十分便捷的地区。

如图 8-5 所示,调查集中范围与轨道交通 1 号线、5 号线距离相近。

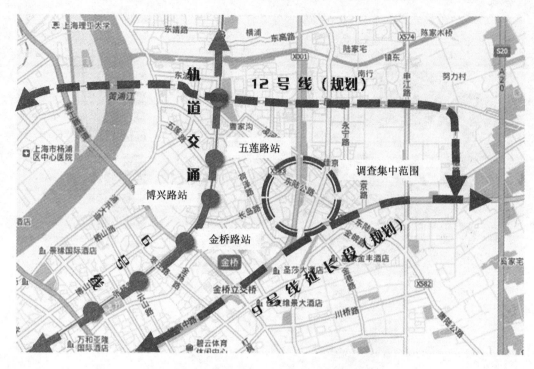

图 8-4　金桥调查集中范围周边轨道交通

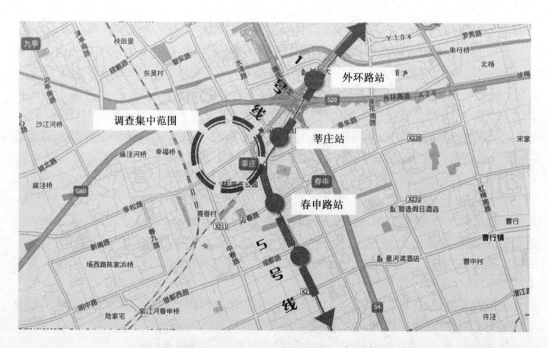

图 8-5　莘庄调查集中范围周边轨道交通

8.2　数据来源与数据准备

1. 数据来源

本研究所采用的调查数据分别来自于 2010 年 12 月莘庄轨道交通站点周边居民出行调查以及 2011 年 4 月金桥地区居民出行调查。为保证调查数据的完整性和有效性,两次出行调查均采用专业调查员入户调查的形式,每户居民按照工作人员、学生、离退休或待业填写不同问卷。莘庄地区的调查一共涉及 12 个居住小区,共 300 户;金桥地区的调查共选取 12 个居民小区,共 600 户。两次调查在样本的选取上,考虑距离轨道交通距离、建设年代、建筑密度、容积率等因素。

调查内容包括:居民的社会经济特征,工作人员通勤出行特征,学生上、下学出行特征及日常购物出行特征等。由于本书关注的是工作人员通勤出行,因此忽略其他出行的情况。

金桥所调查工作人员共 992 人,其中出行特征数据填写完整有 983 份问卷,有效率为99.1%;莘庄样本中工作人员共 419 人,有效问卷共 410 份,有效率为 97.9%。

2. 样本分布

1) 金桥调查样本分布

金桥调查样本分布如图 8-6 所示,具体的调查小区与样本量见表 8-1。

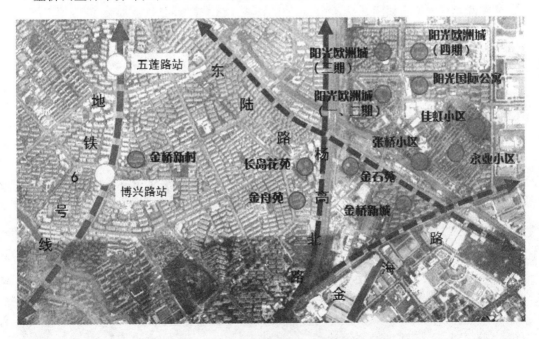

图 8-6　金桥调查样本分布

表 8-1　　　　　　　　　　　　　　金桥调查小区与样本量

小区名称	建筑年代	样本量/人
长岛花苑	2005	126
金舟苑	2002	81

续表

小区名称	建筑年代	样本量/人
金桥新村	1997	150
金桥新城	2005	158
金石苑	2004	54
阳光欧洲城(一期、二期)	2000	33
阳光欧洲城(三期)	2001	19
阳光欧洲城(四期)	2004	23
阳光国际公寓	2005	7
永业小区	1995	176
佳虹小区	1994	77
张桥小区	2003	79
共计		983

注:由于阳光欧洲城为低层联排别墅小区,对于入户调查的数量有限制,因此样本量较少。

2) 莘庄调查样本分布

莘庄调查样本分布如图 8-7 所示,具体的调查小区与样本量见表 8-2。

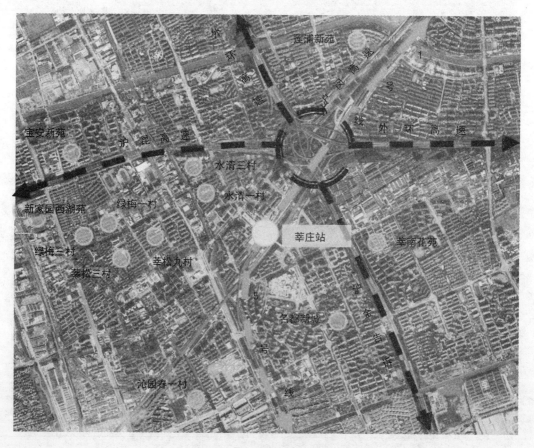

图 8-7　莘庄调查样本分布

表 8-2		莘庄调查小区及样本量
小区名称	建筑年代	样本量/人
水清一村	1994	31
水清三村	1995	28
沁园春一村	—	39
名都新城	2004	30
莘松三村	—	15
莘南花苑	—	61
莘松九村	—	34
莲浦花苑	1998	40
新家园西湖苑	—	38
宝安新苑	2004	34
绿梅一村	—	30
绿梅三村	—	30
共计		410

3. 调查内容

由于我们研究的是通勤出行的碳排放影响,因此不考虑其他出行的相关内容。通勤出行的调查内容包括居民的社会经济特征和出行行为,见表 8-3。

表 8-3	问卷调查涉及到的变量类别及变量名称
变量类别	变量名称
社会经济特征	性别
	年龄
	职业
	家庭结构
	户主户籍
	收入
	工作地点
	入住时间
	住房性质
	住房面积
	小汽车(私人小汽车及单位小汽车)数量
	摩托车数量
	助动车数量
	自行车数量
	购买小汽车意愿

续表

变量类别	变量名称
	出行时间
出行行为	出行方式
	出行起讫点

4. 数据准备

1）交通方式和交通距离的获取

计算出行碳排放量需要明确交通方式和交通距离，交通距离的获取基于工作室已有的上海市 GIS 地图，利用两点之间网络路径最短的原则计算得出。

问卷调查中虽然记录了每次通勤出行的交通方式，但对于需要使用两种或两种以上交通方式的单次出行，问卷调查并没有记录其换乘点。将涉及不同交通方式转换的出行，进行分类处理：

（1）对于非机动交通＋某种机动车出行的情况，考虑到出行中非机动交通的距离一般较短，因此忽略非机动交通出行，将该次出行所使用的交通方式定为该种机动交通方式。其对应的出行距离即为家到工作地点之间的最短道路距离。

（2）对于公共汽车＋轨道交通出行的情况，需要定位换乘地点，然而由于调查并未记录居民使用哪条线路的公共汽车和轨道交通，因此在处理时，假定居民使用的是时间最短的换乘线路。利用百度地图分别输入家和工作单位地点，然后在线生成若干路径，根据居民实际使用的交通方式和时间最短的原则，选出出行线路（时间相同的情况下，选择公共汽车站离家最近的路线），由此定位换乘地点，然后用 GIS 地图分别计算家到换乘点的距离和换乘点到工作单位的距离。

以家住长岛花苑、工作单位位于金沙江路与杨柳青路交叉口附近的居民为例，在上班时，首先步行至公共汽车站，搭乘公汽，然后换乘轨道交通，最后步行至工作单位。如在百度地图中输入起点：长岛路东陆路（长岛花苑）和终点：金沙江路杨柳青路（图 8-8）。然后生成若干路径，如图 8-9 所示。

图 8-8　出行换乘点获取步骤一

根据时间且步行至公共汽车站距离的比较，选取两者最短的路线：85 路—地铁 4 号线，如图 8-10 所示。

换乘地点为 4 号线浦东大道站，由于本研究所使用的 GIS 地图上只有道路信息，并没有轨道交通站点位置等信息，因此需要将轨道交通站点定位为其附近的道路交叉口，浦东大道站定位为浦东大道东方路。分别计算长岛路东陆路到浦东大道东方路、浦东大道东方路到金沙江路杨柳青路的距离，即为公共汽车和轨道交通所对应的出行距离。

对于公共汽车＋轨道交通＋公共汽车的情况，以同样方法处理。

（3）对于公共汽车＋其他（非机动交通及轨道交通之外的交通方式），例如公共汽车＋单位班车，由于无法知道单位班车的停靠点，因此将其简化为公共汽车出行。

图 8-9　出行换乘点获取步骤二——多路径选择　　图 8-10　出行换乘点获取步骤三——最短路线

2）出行碳排放量的计算

依据计算得出的各交通方式碳排放系数,乘以该交通方式所对应的交通距离即可。涉及换乘的通勤出行,将其分成若干步分别计算。

如上文中的举例,居民从长岛路东陆路(长岛花苑)到金沙江杨柳青路的碳排放量,计算时将其分成两步:①计算使用公共汽车从长岛路东陆路到浦东大道东方路的碳排放量,为公共交通方式的碳排放系数×该段交通距离;②计算使用轨道交通从浦东大道东方路到金沙江路杨柳青路的碳排放量,为轨道交通的碳排放系数×该段交通距离。两者相加为居民一次通勤出行的碳排放量。

3）公共交通服务水平

对于各小区公共交通服务水平的评定,分别从轨道交通和常规公共交通两方面进行,见表8-4。

表 8-4　　　　　　　　　　　　　　公共交通服务水平指标

类别	指标
轨道交通服务水平	3 等级:(1) 为有好的轨道交通服务,距站点 500 m 以内; 　　　　(2) 为有轨道交通服务,距站点 500~2 000 m; 　　　　(3) 为没有轨道交通服务,距站点 2 000 m 以外
常规公共交通服务水平	300 m 范围内公交站点数量
	300 m 范围内经过市中心的公交线路
	300 m 范围内其他公交线路
	小区周边道路上公交站点数量
	小区周边道路上经过市中心的公交线路
	小区周边道路上其他公交线路
	与小区附近轨道交通站点接驳的公交线路

注:(1) 距轨道交通站点的距离按照小区最近的出入口到轨交站点的道路距离计算。
　　(2) 常规公共交通服务水平中 300 m 范围是指距小区任一出入口附近 300 m 道路距离内。
　　(3) 利用 google earth 地图测量每个小区最近的出入口到附近轨道交通站点的距离,并按上表中所列的距离对其轨道交通服务水平评级。

根据百度地图中各小区周边公交站点,分别计算 300 m 范围内和周边道路站点数量。根据站点中的公交线路信息,利用丁丁地图查询每条线路是否经过市中心。

此处市中心是指根据上海市总体规划中规定的中央商务区和主要公共活动中心。

(1)中央商务区:由浦东小陆家嘴(浦东南路至东昌路之间的地区)和浦西外滩(河南路以东,虹口港至新开河之间的地区)组成。

(2)主要公共活动中心:指市级中心和市级副中心。市级中心以人民广场为中心,包括南京路、淮海中路、西藏中路、四川北路四条商业街和豫园商城、上海站不夜城等范围。副中心共有 4 个,分别是徐家汇、花木、江湾五角场和真如。

(3)建成环境特征:包括建筑密度、容积率、土地功能混合性、街道尺度等因素,由于资料的限制,本书仅关注建筑密度和容积率对通勤出行碳排放的影响。建筑密度和容积率基于已有金桥和莘庄部分地块的 CAD 图计算。

8.3 入住时间与工作地点

1. 入住时间

金桥居民相对于莘庄居民入住时间较晚,在金桥,2001 年后入住的居民占大多数,为 68.2%,而莘庄 2000 年以前入住的居民较多,为 60.8%(图 8-15)。

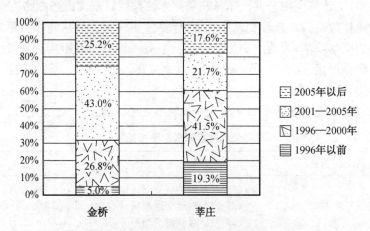

图 8-15 金桥和莘庄入住时间调查样本

2. 工作地点分布

金桥居民中工作地点位于浦东新区的占绝大多数,为 76.1%,其次为杨浦区、黄浦区和徐汇区,所占比例分别为:5.0%、4.1%及 2.7%。由于杨浦区与金桥仅隔黄浦江,由杨浦大桥相连,交通便利,因此是除浦东区之外吸纳金桥居民就业的主要地点,而黄浦和徐汇区是上海市的中心,就业岗位密集,因此也是金桥居民就业的主要分布地点,如图 8-16 所示。

莘庄居民就业地点分布较金桥更为分散,其在本区即闵行区就业的比例不及金桥多,但也超过半数,为 56.4%,其次为与闵行相邻的上海市副中心所在地徐汇区,所占比例为 15.0%,浦东区和黄浦区分别是上海市 CBD 和市中心的所在地,因此莘庄居民在这两个区的就业比例也较多,分别为 6.7%及 6.5%,如图 8-17 所示。

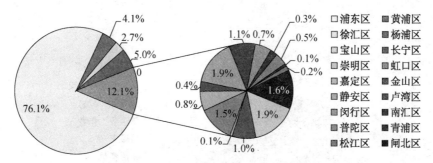

图 8-16　金桥调查样本工作单位地点

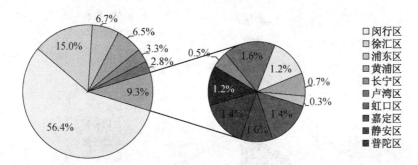

图 8-17　莘庄调查样本工作单位地点

8.4　社会经济特征

文献研究表明,居民的社会经济属性、所在地区的公共交通服务水平及建成环境特征会对居民的出行或出行碳排放产生一定影响,因此在研究调查样本的通勤碳排放之前,有必要对两地区研究样本的社会经济属性、公共交通服务水平及建成环境特征进行比较。

1. 金桥和莘庄调查人群的社会经济属性

金桥地区调查户数为 600 户,就业人口共 992 人,户均就业人口为 1.65 人;莘庄地区调查户数为 300 户,共有就业人口 419 人,户均就业人口为 1.40 人。

1) 性别

根据上海市第六次人口普查资料,2010 年上海市总就业人口为 1 671.62 万人,其中女性为 751.98 万人,就业人口性别比例(男：女)为 55.0％：45.0％。根据图 8-18 所示,莘庄就业人口性别比基本接近上海市平均水平,而金桥男性就业人口所占比例相对莘庄和上海市整体情况较多。

2) 职务

从职务分布来看,金桥调查样本为职员、企业管理人员及服务员的比例明显高于莘庄,而莘庄调查样本为专业技术人员的比例更高,具体职务分布情况见图 8-19 和图8-20。

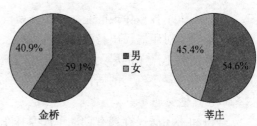

图 8-18　金桥和莘庄调查样本的性别比例

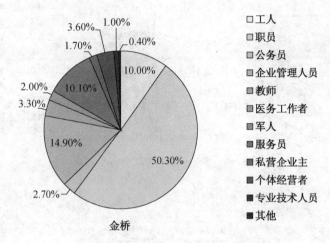

图8-19 金桥调查样本的职务分布

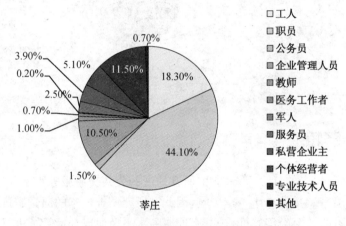

图8-20 莘庄调查样本的职务分布

3)年收入

莘庄中低收入居民较多,在少于2万以及2万~4万的两个收入级别中,莘庄该比例均高于金桥,分别高出金桥13.8%及3.3%。而在多于4万的四个收入级别中,除8万~10万的居民比例金桥与莘庄相差无几之外,金桥的相应比例均高于莘庄,说明金桥的人均年收入较高,具体如图8-21所示。

4)家庭拥有交通工具数量

(1)小汽车。

拥有小汽车数量体现的是居民个体机动化的强弱程度,由于小汽车高碳排放的特点,是否拥有小汽车对于居民出行碳排放的影响较大。

金桥拥有小汽车的居民所占比例较莘庄大,两者分别为27.4%、18.3%,相差9.1%,且金桥拥有2辆小汽车的居民也较多,为2.7%,比莘庄高0.7%,具体如图8-22所示。

(2)其他交通工具。

金桥和莘庄居民在拥有助动车或摩托车数量上差异非常小,而在电动自行车数量上,金桥拥有多于1辆的住户所占比例仅为1.8%,而莘庄为4.0%。而金桥拥有自行车的住户较

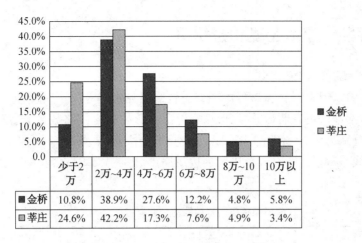

	少于2万	2万~4万	4万~6万	6万~8万	8万~10万	10万以上
金桥	10.8%	38.9%	27.6%	12.2%	4.8%	5.8%
莘庄	24.6%	42.2%	17.3%	7.6%	4.9%	3.4%

图 8-21　金桥和莘庄调查样本年收入

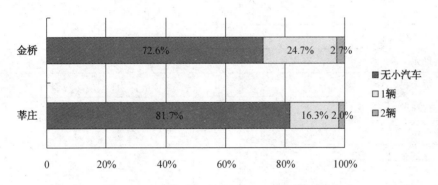

图 8-22　金桥和莘庄调查样本拥有小汽车数量

莘庄多，分别为 56.3%、50.6%，两者相差 5.7%，这一差异主要体现在拥有 2 辆及以上的住户比例上，金桥为 12.8%，莘庄为 8.3%，金桥较莘庄高 4.5%（表 8-5）。

表 8-5　　　　　　　　金桥和莘庄调查样本其他交通工具拥有数量

交通工具	数量	金桥	莘庄
助动车或摩托车	无	83.8%	85.0%
	1 辆	14.5%	13.7%
	2 辆	1.7%	1.3%
电动自行车	无	71.2%	69.7%
	1 辆	27.0%	26.3%
	2 辆及以上	1.8%	4.0%
自行车	无	43.7%	49.3%
	1 辆	43.5%	42.3%
	2 辆及以上	12.8%	8.3%

8.5 公共交通,建筑密度和容积率

1. 公共交通服务水平

从表8-6可以看到,金桥调查样本中处于轨交服务水平3的小区较多于莘庄。在公交站点数量方面,两地区没有明显差异,但在经过市中心的公交线路数量上,莘庄300 m范围和周边道路上分别为1.08条和0.67条,明显低于金桥4.33条和3.83条。而莘庄通往其他地方的公交线路数量在300 m范围和周边道路上分别为4.67条和3.25条,明显高于金桥1.92条和1.83条。

表8-6　　　　　　　　　　金桥和莘庄调查地区的公共交通服务水平

地区	小区名称	轨交服务水平	公交站点		市中心公交		其他公交		与轨交站点接驳线路
			300 m范围	周边道路	300 m范围	周边道路	300 m范围	周边道路	
金桥	长岛花苑	2	4	6	3	5	1	1	3
	金舟苑	2	3	5	3	5	0	1	3
	金桥新村	1	3	1	5	1	1	0	5
	金桥新城	3	3	5	5	6	5	5	4
	金石苑	3	3	2	3	3	1	0	1
	阳光欧洲城(一期、二期)	3	4	2	8	7	5	5	4
	阳光欧洲城(三期)	3	2	2	6	6	2	2	2
	阳光欧洲城(四期)	3	1	3	5	6	2	2	2
	阳光国际公寓	3	2	2	2	1	1	1	1
	永业小区	3	4	3	4	4	2	2	3
	佳虹小区	3	2	2	4	2	1	1	2
	张桥小区	3	2	1	4	0	2	1	3
	平均		2.75	2.83	4.33	3.83	1.92	1.83	2.75
莘庄	水清一村	1	3	3	0	0	8	8	7
	水清三村	2	3	1	0	0	8	1	7
	沁园春一村	2	2	2	0	0	2	2	2
	名都新城	2	5	5	1	1	7	7	7
	莘松三村	2	3	3	1	1	3	3	4
	莘南花苑	2	6	4	0	0	6	4	3
	莘松九村	2	6	5	2	2	5	5	5
	莲浦花苑	2	5	4	6	6	5	1	11

续表

地区	小区名称	轨交服务水平	公交站点		市中心公交		其他公交		与轨交站点接驳线路
			300 m范围	周边道路	300 m范围	周边道路	300 m范围	周边道路	
莘庄	新家园西湖苑	3	1	0	0	0	3	0	1
	宝安新苑	3	5	1	1	1	2	1	3
	绿梅一村	3	2	2	1	1	5	5	4
	绿梅三村	3	1	1	1	1	2	2	3
	平均		3.5	2.58	1.08	0.67	4.67	3.25	4.75

这可能是因为经过莘庄的轨道交通 1 号线直接经过市中心人民广场和副中心徐家汇,并且居民可以通过方便换乘其他轨道交通线路到达其他城市副中心,因此在莘庄,常规公交在线路设置上较多考虑到与周边地区的联系。在金桥,通过轨道交通到达城市中心或副中心并不一定方便,如到五角场,乘坐轨道交通需要通过 9 号线换乘 2 号线再换 10 号线,整条线路绕行距离太长,而常规公交明显更方便,因此金桥地区的常规公交在经过市中心的线路上设置较多。在公交接驳轨道交通站点的线路数量上,金桥平均为 2.75 条,而莘庄为 4.75条,明显高于金桥。

2. 建筑密度和容积率

根据两地区测绘地图计算得出各小区的建筑密度和容积率,将建筑密度低于或等于15.0%定为低建筑密度,介于 15.0%和 20.0%之间的为中等建筑密度,高于 20.0%的为高建筑密度。将容积率低于或等于 1.0 的为低容积率,介于 1.0 和 2.0 之间的为中等容积率,高于 2.0 的为高容积率(表 8-7)。

表 8-7　　　　　　　　　金桥和莘庄调查地区的建成环境特征

地区	小区名称	建筑密度	建筑密度分类	容积率	容积率分类
金桥	长岛花苑	15.0%	低	3.35	高
	金舟苑	26.2%	高	1.24	中等
	金桥新村	26.4%	高	1.32	中等
	金桥新城	19.1%	中等	1.40	中等
	金石苑	29.1%	高	1.60	中等
	阳光欧洲城(一期、二期)	24.9%	高	0.83	低
	阳光欧洲城(三期)	29.0%	高	0.87	低
	阳光欧洲城(四期)	29.0%	高	0.87	低
	阳光国际公寓	17.9%	中等	1.21	中等
	永业小区	28.4%	高	1.55	中等
	佳虹小区	28.1%	高	1.51	中等
	张桥小区	27.9%	高	1.50	中等

续表

地区	小区名称	建筑密度	建筑密度分类	容积率	容积率分类
莘庄	水清一村	25.9%	高	1.39	中等
	水清三村	28.0%	高	1.45	中等
	沁园春一村	—		—	
	名都新城	18.2%	中等	1.58	中等
	莘松三村	—		—	
	莘南花苑	24.8%	高	1.49	中等
	莘松九村	—		—	
	莲浦花苑	—		—	
	新家园西湖苑	—		—	
	宝安新苑	—		—	
	绿梅一村	—		—	
	绿梅三村	—		—	

在建筑密度方面,金桥调查样本涵盖了低、中、高三个类别,而莘庄调查样本仅有中、高两类,两地区高建筑密度小区均占大多数;在容积率方面,金桥调查样本同样涉及低、中、高各类别,其中中等容积率小区占大多数,而莘庄调查样本仅有中等容积率一种类别。

针对研究所选取的地区——金桥和莘庄的发展概况、土地使用及交通条件进行了介绍,同时研究了两地区在社会经济属性、公共交通服务水平及建成环境等三方面的特征,比较这两地区我们可以看到下面的特点:

(1)在社会经济属性方面,金桥样本的个人年收入、住房面积、拥有小汽车数量均高于莘庄。

(2)在公共交通服务水平方面,莘庄样本的轨道交通服务水平较高于金桥;在常规公共交通方面,两地区公共汽车站点数量方面并无明显差异;在公共汽车线路上,金桥经过市中心的公共汽车线路较多,莘庄通往其他地区及接驳轨道交通站点的公共汽车线路较多。

(3)在建成环境方面,莘庄样本所在小区的建筑密度、容积率均为中、高等,而金桥样本中有部分为低等建筑密度或容积率。

第 9 章

社会经济属性与通勤碳排放

9.1 通勤碳排放特征

研究不同人群的通勤碳排放特征和差异,首先需要对地区的人均通勤碳排放进行对比研究,并分析两地区碳排放差异产生的原因。

1. 通勤碳排放

金桥的人均通勤碳排放量较高,达 499.38 g,而莘庄仅为 347.52 g,前者为后者的 1.44 倍。两地区的碳排放量中位值均低于平均值,但差异依然明显,金桥的碳排放中位值为莘庄的 1.49 倍。从标准差来看,金桥的碳排放量分布更为分散(图 9-1)。

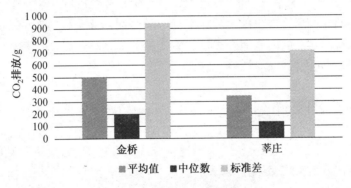

图 9-1　金桥和莘庄通勤碳排放

2. 通勤碳排放的分布

根据国外研究,出行碳排放在人群中的分布非常不均衡。Christian Brand[1] 的研究表明,出行碳排放在居民中存在着明显的不均衡现象,他从对英国个人、非商务出行的温室气体排放的研究中得出"60-20"的规律,即碳排放量最高的 20% 居民,所排放的温室气体约占总量的 60%。

将金桥和莘庄调查样本根据碳排放量从低等到高等分成 5 组。由于莘庄碳排放量为 0 的占总样本量的 25.85%,因此 5 组的样本数量并不完全相同,除最低和较低组之外,碳排放量最高、较高和中等的组别人群均占总量的 20%。

从图 9-2 可以看出,在金桥和莘庄,通勤碳排放量分布较国外研究的"60-20"分布规律更为不均衡。金桥碳排放量最高的 20% 人群,所排放的 CO_2 占金桥总量的 74.69%,而碳排放量最少的 40% 人群,其排放的 CO_2 仅为 3.07%。莘庄的碳排放分布差异更大,碳排放最高的20%人群,其排放的CO_2高达75.85%,而最低的40%人群所排放的CO_2仅占总量的1.57%。所以低碳城市的策略更应该针对高碳排放的群体。

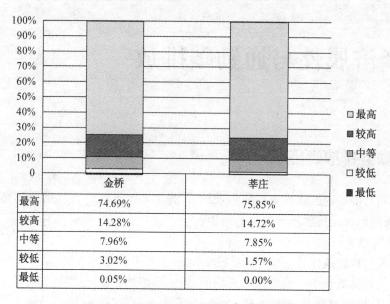

	金桥	莘庄
最高	74.69%	75.85%
较高	14.28%	14.72%
中等	7.96%	7.85%
较低	3.02%	1.57%
最低	0.05%	0.00%

图9-2　金桥和莘庄碳排放在人群中的分布

金桥和莘庄两地区均表现出碳排放在人群中的极端不均衡性,那么高碳排放人群具有怎样的特征?金桥和莘庄的人均通勤碳排放有明显差异,是哪些因素导致?为解答这些问题,需要对两地区不同人群的碳排放特征进行研究。

9.2　通勤距离和交通结构

从通勤出行平均距离来看,金桥的人均通勤距离较莘庄短,而金桥通勤碳排放量高,说明金桥的交通结构偏高碳化交通方式(表9-1)。

表9-1　　　　　　　　　　　金桥和莘庄通勤平均距离　　　　　　　　　　单位:km

	平均距离	中位值	标准差
金桥	9.33	7.35	8.76
莘庄	9.81	7.59	9.02

在使用高碳排放的交通方式——小汽车及出租车上,金桥的出行比例高于莘庄,小汽车出行比例金桥和莘庄分别为19.94%、12.93%,两者相差7.01%;金桥的出租车出行比例为0.41%。

在公共交通出行方面,金桥常规公交的使用比例远高于莘庄,前者为22.48%,而后者仅10.00%,但在轨道交通(含换乘)出行方面,金桥却远低于莘庄,金桥为13.33%,莘庄为31.95%,是前者的2.40倍。

在零碳排放的交通方式——非机动交通方面,莘庄的出行比例高于金桥,前者为25.85%,而后者为18.31%。金桥和莘庄的交通结构,如图9-3所示。

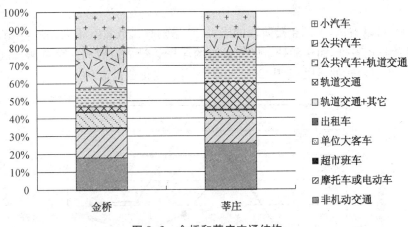

图 9-3　金桥和莘庄交通结构

从碳排放量与通勤距离可以计算得出,金桥的平均碳排放强度为 53.52 g/pkm,而莘庄为 35.43 g/pkm,金桥为莘庄的 1.51 倍。这是由于金桥在高碳排放交通方式上比例较高以及低碳、零碳排放交通方式上比例较低所导致(表 9-2)。

表 9-2　　　　　　　　金桥和莘庄交通方式的平均碳排放强度

	碳排放量/$(g \cdot p^{-1})$	通勤距离/km	碳排放强度/$(g \cdot pkm^{-1})$
金桥	499.38	9.33	53.52
莘庄	347.52	9.81	35.43

9.3　社会经济属性与通勤碳排放特征

这里我们按社会经济属性中的性别、年龄、职业、收入、户籍、所拥有的交通工具等多个方面对金桥和莘庄人群的通勤碳排放进行研究。

1. 性别

从两地区不同性别的碳排放量来看,均显示出男性碳排放量较女性高,而同一性别居民中,金桥均高于莘庄(图 9-4)。

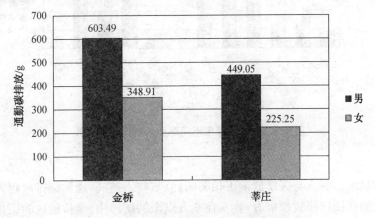

图 9-4　金桥和莘庄不同性别人群通勤碳排放

2. 年龄

从图 9-5 可以看出，不同年龄阶段的居民，其通勤碳排放量有很大差异，年龄较轻和较长者的碳排放量均较低，而年龄处于中间阶段的居民碳排放量较高。金桥居民碳排放量最高的为 40～54 岁阶段的居民，莘庄 25～39 岁的居民碳排放量最高。

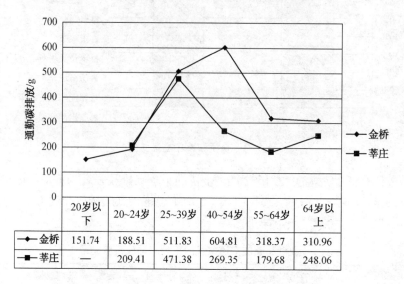

	20岁以下	20~24岁	25~39岁	40~54岁	55~64岁	64岁以上
金桥	151.74	188.51	511.83	604.81	318.37	310.96
莘庄	—	209.41	471.38	269.35	179.68	248.06

图 9-5 金桥和莘庄不同年龄段人群的通勤碳排放

3. 职业

在金桥，碳排放量较高的人群主要是专业技术人员、私营企业主、企业管理人员和公务员。而莘庄企业管理人员、教师、医务工作者和私营企业主的碳排放较高。可以看到，两地区不同职业人群中，私营企业主和企业管理人员的碳排放均较高（图 9-6）。

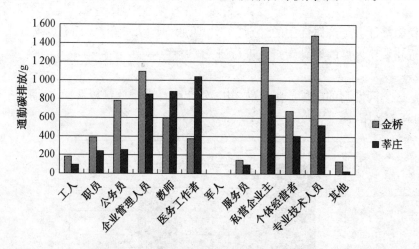

图 9-6 金桥和莘庄不同职业人群通勤碳排放

4. 收入

两地区均显示出收入与碳排放量正相关的趋势，收入越高，通勤碳排放越大。从两地区相同收入阶层的居民碳排放量来看，收入在 6 万以上的居民中，金桥地区的碳排放值均高于莘庄(图 9-7)。

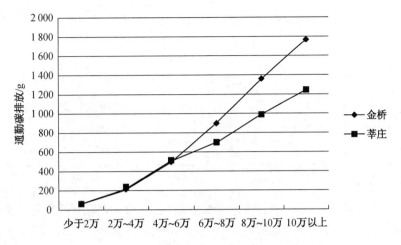

图 9-7　金桥和莘庄不同收入人群通勤碳排放

如表 9-3 所示,在低于 8 万的 4 个收入阶层:少于 2 万、2 万～4 万、4 万～6 万、6 万～8 万中,金桥居民的通勤距离均小于莘庄,其相应的碳排放量却高于莘庄。利用碳排放量除以通勤距离得出碳排放强度值,可以看到金桥的平均碳排放强度值均高于莘庄,并且这种差异性随着收入的增长而加大。说明在相同收入阶层中,莘庄居民使用小汽车通勤的比例较金桥低。

表 9-3　金桥和莘庄不同收入人群的碳排放量、通勤距离和交通方式平均碳排放强度

		少于 2 万	2 万～4 万	4 万～6 万	6 万～8 万	8 万～10 万	10 万以上
碳排放量/ $(g \cdot p^{-1})$	金桥	70.29	202.85	487.09	913.41	1 351.48	1 768.78
	莘庄	76.38	225.59	516.96	707.10	980.54	1 255.93
通勤距离 /km	金桥	4.07	7.90	10.31	11.84	14.45	14.48
	莘庄	5.70	9.69	12.63	13.92	13.93	11.57
碳排放强度值 /$(g \cdot pkm^{-1})$	金桥	17.27	25.68	47.25	77.12	93.52	122.13
	莘庄	13.41	23.27	40.91	50.81	70.37	108.59

两地区的通勤距离和碳排放强度值的变化趋势显示出伴随着收入增长,居民的通勤距离会增加,并且使用的交通方式会高碳化。这是因为收入较高的居民小汽车拥有率也较高,从而导致通勤出行使用小汽车的概率也增加。

金桥通勤距离最大为 14.48 km,是最小值 4.07 km 的 3.56 倍,而碳排放强度值最大122.13 g/pkm 是最小值 17.27 g/pkm 的 7.07 倍,这说明交通方式的碳排放强度值变化幅度更大,从而更容易导致碳排放量发生变化,莘庄的数据显示出同样的现象。

从金桥的碳排放分布来看,收入 6 万以上的居民所占样本总量 22.8%,其碳排放量占总量 55.8%,而收入少于 2 万的居民人数占 10.8%,其排放的样本却只有总量的 1.5%,说明不同收入阶层的通勤碳排放非常不均衡(表 9-4)。

表 9-4 金桥和莘庄不同收入人群占总量的比例及碳排放比例

	年收入	少于 2 万	2 万~4 万	4 万~6 万	6 万~8 万	8 万~10 万	10 万以上
金桥	碳排放平均值/g	70.29	202.8	487.1	913.4	1 351.5	1 768.8
	样本比例	10.8%	38.9%	27.6%	12.2%	4.8%	5.8%
	碳排放比例	1.5%	15.8%	26.9%	22.3%	13.0%	20.5%
莘庄	碳排放平均值/g	75.62	225.6	517.0	707.1	980.5	1 255.9
	样本比例	24.6%	42.2%	17.3%	7.6%	4.9%	3.4%
	碳排放比例	5.3%	27.4%	25.7%	15.5%	13.8%	12.3%

5. 家庭规模

如图 9-8 所示,单身家庭的居民人均碳排放量最低,而三口以上的家庭人均碳排放量最高,其次是两口之家。家庭规模相同时,金桥的人均碳排放量高于莘庄。

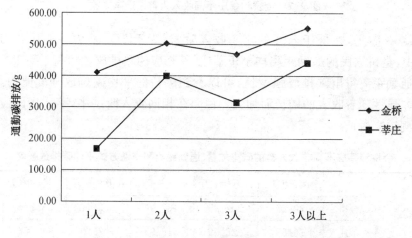

图 9-8 金桥和莘庄不同家庭规模人群通勤碳排放

如表 9-5 所列,对比金桥和莘庄单身家庭的通勤距离和碳排放强度可以发现,金桥单身居民的住房距离单位较近,但交通方式的平均碳排放强度较高;而莘庄单身居民住房距单位较远,碳排放强度较低。两者的通勤距离和碳排放强度分别是较小值的 1.67 倍和 4.18 倍,说明单身居民在住房位置、通勤方式的选择上有较大的差异性。这与单身居民的收入状况有关,金桥单身居民的年收入较高,因此选择住房时不用过多考虑房租或房价,会偏向于离单位较近的住处,并且由于其收入较高,使用小汽车通勤的比例也较高;而莘庄居民年收入较低,使用公共交通出行的比例较高,并且选择住房时会偏向于选择房租或房价较低的住处,从而导致通勤距离较长。

在非单身家庭中,当家庭规模相同时,金桥和莘庄的通勤距离差距较小。在同一地区,2人、3 人和 3 人以上的家庭,其通勤距离的差距也并不大。在金桥,此 3 种类型的家庭其通勤距离分别为 9.32 km、8.92 km 和 10.01 km,最大值与最小值之间的差距是最小值的12.2%,莘庄这一值为 15.8%。可以看到,无论是相同家庭规模不同地区,还是相同地区不同家庭规模,非单身家庭通勤距离的差距都不如单身家庭大,说明非单身家庭其通勤距离具有一定的稳定性。

单身家庭在通勤距离、交通方式结构上的较大差异说明在就业岗位集中的地方,规划较多数量和档次的小户型,吸引不同收入阶层的单身人口入住,同时规划高品质的公共交通,能够更有效地降低这部分人群的碳排放量。

表9-5　　　　金桥和莘庄不同家庭规模人群的通勤距离和交通方式的平均碳排放强度

		1人	2人	3人	3人以上
碳排放量/g	金桥	414.57	502.68	462.65	550.74
	莘庄	166.06	397.40	318.75	436.71
通勤距离/km	金桥	6.20	9.32	8.92	10.01
	莘庄	10.37	9.05	9.86	10.48
碳排放强度/ (g·km⁻¹)	金桥	66.88	53.95	51.86	55.04
	莘庄	16.01	43.93	32.32	41.69

6. 入住时间

调查显示,在金桥和莘庄,居民入住时间越晚,其通勤碳排放量越高。而各时间阶段中,金桥居民的碳排放均高于莘庄(图9-9)。

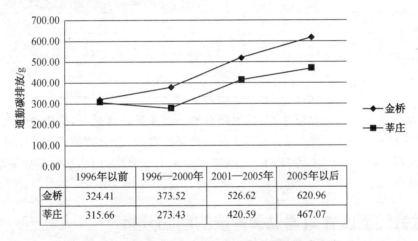

	1996年以前	1996—2000年	2001—2005年	2005年以后
金桥	324.41	373.52	526.62	620.96
莘庄	315.66	273.43	420.59	467.07

图9-9　金桥和莘庄不同入住时间人群通勤碳排放

7. 交通工具

1) 小汽车(含单位小汽车)

无论是金桥或是莘庄,居民通勤碳排放与小汽车拥有数量之间都呈现出强烈的相关关系。家庭不拥有小汽车的居民,平均通勤碳排放在200 g/人以下,而家庭拥有小汽车的居民,其通勤碳排放平均在1 000 g/人以上,显示出是否拥有小汽车对于居民碳排放的极大影响。

对比金桥和莘庄拥有小汽车居民的碳排放量可以发现,在拥有相同数量小汽车的家庭中,金桥居民的通勤碳排放量要明显高于莘庄,并且这种差距随着小汽车数量的增加而愈发明显(图9-10)。

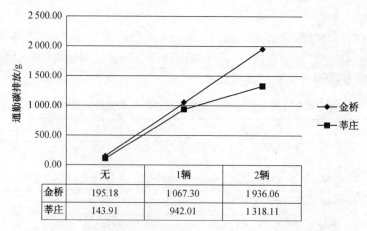

图 9-10 金桥和莘庄拥有不同数量小汽车的人群通勤碳排放

如表 9-6 所列,当拥有 1 辆小汽车时,两地区通勤碳排放量的差异主要是由于金桥交通方式的碳排放强度明显高于莘庄所致。而当拥有 2 辆小汽车时,金桥和莘庄的碳排放差异是由于金桥通勤距离更长的缘故。

表 9-6 金桥和莘庄拥有不同数量小汽车的居民通勤距离和交通方式的平均碳排放强度

		碳排放量/(g·p⁻¹)	通勤距离/km	碳排放强度/(g·pkm⁻¹)
1 辆小汽车	金桥	1067.30	10.43	102.36
	莘庄	942.01	10.10	93.25
2 辆小汽车	金桥	1 936.06	13.49	143.51
	莘庄	1 318.11	8.50	155.01

从交通方式的碳排放强度来看,居民拥有的小汽车数量增加时,碳排放强度有明显增长,并且莘庄的涨幅更大,说明家庭拥有小汽车数量的增加,会导致使用小汽车的概率明显上升。当拥有 1 辆小汽车时,莘庄的平均碳排放强度低于金桥,但当小汽车数量增加,其碳排放强度甚至高于金桥。

9.4 社会经济属性与通勤碳排放的回归分析

1. 模型选择与自变量

1）模型选择

数据统计分析方法有多种,在选择时需要很多考虑因素,主要包括:分析目的、变量特征、对变量的假定及数据收集方法。通常只需要考虑前两个因素。

这里的研究对象是碳排放相关影响因素,需要选用研究自变量与因变量之间相关关系的模型,这方面的模型主要有线性回归和 logistic 回归。

由于 logistic 回归模型是对因变量为分类变量的回归分析,本书中的通勤碳排放量为连续变量,因此使用线性回归方程较为适合。

2）自变量

为了避免线性回归方程中虚拟变量过多而无法建构模型,这里对自变量中的年龄、职业等分类变量进行了适当合并。模型中的自变量类型与赋值见表 9-7。

表 9-7　自变量类型与赋值

	自变量	类型	赋值
性别	男性	虚拟变量	1＝男性，0＝女性
年龄	低于 24 岁	虚拟变量	1＝低于 24 岁，0＝其他
	24～54 岁	虚拟变量	1＝24～54 岁，0＝其他
户籍	是否为户籍人口	虚拟变量	1＝户籍人口，0＝其他
职业	管理人员	虚拟变量	1＝私营企业主或企业管理人员，0＝其他
	工人或服务员	虚拟变量	1＝工人或服务员，0＝其他
	公务员或教师或医务工作者	虚拟变量	1＝公务员或教师或医务工作者，0＝其他
	职员	虚拟变量	1＝职员，0＝其他
	专业技术人员	虚拟变量	1＝专业技术人员，0＝其他
	个体经营者	虚拟变量	1＝个体经营者，0＝其他
	年收入	离散型数值变量	1＝无收入；2＝少于 2 万；3＝2 万～4 万；4＝4 万～6 万；5＝6 万～8 万；6＝8 万～10 万；7＝10 万以上
家庭规模		连续变量	
入住时间		连续变量	1＝2005 年以后，2＝2001—2005 年，3＝1996—2000 年，4＝1996 年以前
小汽车		连续变量	
自行车		连续变量	
住房面积		连续变量	1＝60 m² 以下，2＝60～90 m²，3＝90～120 m²，4＝120～160 m²，5＝160 m² 以上

2. 社会经济属性与碳排放的回归分析

将通勤碳排放量与自变量进行回归，得到方程的参数值，如表 9-8 所列。

表 9-8　回归方程的参数估计

		金桥			莘庄		
		非标准化系数	标准化系数	显著性	非标准化系数	标准化系数	显著性
		B	Beta		B	Beta	
性别	男性	181.691	0.095	.001**	117.228	0.082	.057*
年龄	低于 24 岁	−48.712	−0.012	0.675	−19.140	−0.006	0.887
	24～54 岁	126.563	0.049	0.086*	156.445	0.081	0.061*

续表

		金桥			莘庄		
		非标准化系数	标准化系数	显著性	非标准化系数	标准化系数	显著性
		B	Beta		B	Beta	
户籍	是否为户籍人口	126.800	0.039	0.178	364.230	0.161	0.001**
职业	管理人员	125.315	0.050	0.749	320.216	0.157	0.293
	工人或服务员	22.269	0.010	0.954	67.189	0.038	0.823
	公务员或教师或医务工作者	−179.570	−0.052	0.649	201.016	0.049	0.550
	职员	−12.441	−0.007	0.974	127.996	0.089	0.666
	专业技术人员	432.986	0.046	0.343	169.569	0.075	0.579
	个体经营者	−86.375	−0.017	0.832	176.600	0.054	0.583
个人年收入		184.227	0.249	0.000**	132.477	0.233	0.000**
家庭规模		2.079	0.002	0.929	−38.504	−0.055	0.209
入住时间		16.002	0.014	0.626	−30.434	−0.042	0.378
小汽车		611.273	0.354	0.000**	578.356	0.417	0.000**
自行车		−8.879	−0.007	0.793	−56.782	−0.057	0.189
住房面积		46.094	0.048	0.144	−22.728	−0.027	0.550

注：**为显著变量；*为较显著变量。

从上表可以看到，在金桥，性别、收入和小汽车数量对碳排放有显著影响，年龄的影响较为显著。在莘庄，收入和小汽车数量同样对碳排放有显著影响，所不同于金桥的是，户籍也有显著的影响。

1）性别

在金桥或莘庄，男性对于通勤碳排放的影响十分显著或较为显著，且影响值为正值，说明男性更有可能是高碳排放者。这是因为男性的收入一般较女性高，另外在相同收入条件下，男性使用小汽车出行的意愿通常更为强烈。

2）年龄

在金桥和莘庄，25～54岁的青壮年居民对于通勤碳排放的影响较为显著，说明青壮年居民更有可能是高碳排放者。

3）户籍

莘庄户籍人口对于通勤碳排放有显著影响，且户籍人口的通勤碳排放量更高，而金桥居民是否为户籍对于通勤碳排放的影响并不显著。

4）职业

在两地区，职业对于通勤碳排放的影响并不显著。

5）收入

收入对于碳排放的影响十分明显，可见收入的提高极有可能会带来通勤碳排放明显增加。

6）家庭规模、入住时间

在两地区,家庭规模和入住时间对通勤碳排放均无显著影响。

7）小汽车数量

小汽车数量对于通勤碳排放的影响非常显著。在金桥,小汽车数量对碳排放量的影响值（标准参数）为 0.354,莘庄为 0.417,两影响值分别为两地区社会经济属性中的最高值,说明小汽车数量增加,会导致通勤碳排放最大幅度增长,可见对家庭拥有小汽车数量的控制,是抑制居民通勤碳排放迅速增长的有效方法。

8）自行车数量

自行车数量的影响并不显著,说明家庭拥有自行车数量的增加并不会导致通勤碳排放降低。

9）住房面积

在金桥,住房面积对通勤碳排放有较为显著影响,且影响值为正,这是因为住房面积与居民收入有一定正相关,而收入高的居民使用小汽车通勤出行的概率较高,因此导致住房面积越大,通勤碳排放越高。在莘庄,两者的关系并不显著。

从回归分析的结果可以看到,在金桥和莘庄,男性、青壮年、高收入者、家庭中拥有小汽车等人群为高碳排放者的概率较高。

3. 相同社会经济属性下金桥和莘庄通勤碳排放差异的方差分析

如本书第 9.3 节中对于金桥和莘庄地区社会经济属性对于通勤碳排放的影响做了回归分析,得出在两地区,收入、小汽车数量等变量对于通勤碳排放均有显著影响。年龄等变量对于通勤碳排放的影响较为显著。那么当控制对通勤碳排放有影响的社会经济属性时,两地区的碳排放量是否有显著差异? 为解决这一问题,本书将地区作为一个自变量,纳入与通勤碳排放的方差分析中,得出如下结果（表 9-9）：

表 9-9　　　　　　　　　　相同社会经济属性下金桥和莘庄通勤碳排放差异

	F	Sig.
是否为金桥	1.173	0.035
男性	0.935	0.787
低于 24 岁	0.757	1.000
24～54 岁	0.706	1.000
是否为户籍人口	0.768	0.999
年收入	2.250	0.000
小汽车	2.495	0.000

从表 9-9 可以看到,在控制对通勤碳排放有影响的社会经济属性时,由于莘庄地区是由于轨道交通建设带动发展起来的,而金桥地区的轨道交通服务水平较差,这两处的地区性差距十分显著,因此通过轨道交通的建设可能对实现低碳交通的目的有一定促进作用。

第10章

公共交通服务与通勤交通的碳排放

优先发展公共交通,提高公共交通的服务水平,对许多城市而言是解决城市交通拥堵,实现交通高效、可持续发展的重要途径。那么提高公共交通服务水平是否也是低碳城市交通的有效策略?换言之,公共交通服务水平的提高是否一定会导致居民出行碳排放的降低?这里我们首先对公共交通服务与通勤碳排放的影响进行分析,然后再综合考虑设计特征和社会经济要素的共同影响。

10.1 轨道交通服务水平

这里所研究的轨道交通服务水平,有两种划定标准:一种是按 500 m 范围内有好的轨道交通服务,500~2 000 m 范围为有轨道交通服务,2 000 m 以外为无轨道交通服务这 3 类划分;另一种是按 2 000 m 范围内为轨道交通影响范围,2 000 m 范围外为无轨道交通服务这两类划分。

金桥居民通勤出行碳排放与轨道交通服务水平之间呈负相关,轨道交通服务水平越高,通勤碳排放越低。这一点很好理解,轨道交通服务水平高,居民使用轨道交通通勤的比例会增加,由于轨道交通的碳排放系数很低,因此会导致居民通勤碳排放下降。但莘庄居民的通勤碳排放与轨道交通服务水平之间呈正相关,轨道交通服务水平提高,居民碳排放量反而提高(图 10-1)。

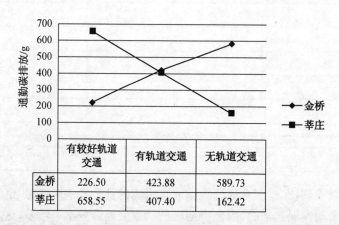

	有较好轨道交通	有轨道交通	无轨道交通
金桥	226.50	423.88	589.73
莘庄	658.55	407.40	162.42

图 10-1 金桥和莘庄不同轨道交通服务水平(三类)的人群通勤碳排放

从通勤距离来看,在金桥和莘庄两地区,居民的通勤距离和轨道交通服务水平之间所呈现出的变化趋势与各自的通勤碳排放和轨道交通服务水平之间的变化趋势相吻合,说明两地区通勤碳排放的变化一定程度上是由于通勤距离的增长或减少所致(图10-2)。

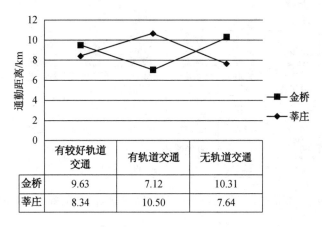

图 10-2　金桥和莘庄不同轨道交通服务水平下(三类)人群的通勤距离

如表 10-1 所列,在金桥,距离轨道交通越远的居民,其交通方式的平均碳排放强度值越高,说明使用小汽车的比例随着轨道交通的服务水平下降而增加。但莘庄居民的碳排放强度却随着轨道交通服务水平的提高反而增加,说明在莘庄距离轨道交通越近的居民,小汽车出行比例上升。这种下降趋势是否由于莘庄距离轨道交通站点越近的居民收入较高,从而导致小汽车出行比例较高?本书对不同轨道交通服务水平的地区各收入阶层的分布进行统计。

表 10-1　金桥和莘庄不同轨道交通服务水平下(三类)人群的交通方式平均碳排放强度

		有好的轨道交通	有轨道交通	无轨道交通
金桥	碳排放平均值/g	226.50	423.88	589.72
	通勤距离/km	9.63	7.12	10.30
	碳排放强度均值/($g \cdot km^{-1}$)	23.51	59.52	57.21
莘庄	碳排放平均值/g	658.55	407.39	162.41
	通勤距离/km	8.34	10.49	7.63
	碳排放强度均值/($g \cdot km^{-1}$)	78.95	38.81	21.26

从莘庄不同轨道交通服务水平地区各收入阶层的分布来看,随着轨道交通服务水平的提升,高收入阶层所占比例增长,中低收入阶层所占比例下降。

相反在金桥,轨道交通服务水平提升,高收入阶层所占比例却随之下降,中等收入阶层比例增长。

两地区高收入阶层的分布状况与前文假设相符:莘庄轨道交通服务水平提升,而通勤碳排放量增加确实是由于高收入阶层所占比例增长所致(图10-3)。

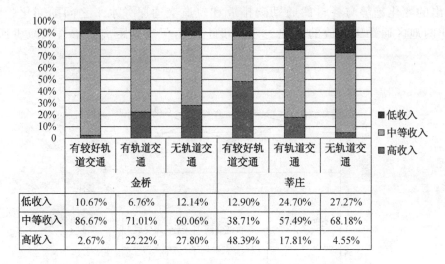

	有较好轨道交通	有轨道交通	无轨道交通	有较好轨道交通	有轨道交通	无轨道交通
		金桥			莘庄	
低收入	10.67%	6.76%	12.14%	12.90%	24.70%	27.27%
中等收入	86.67%	71.01%	60.06%	38.71%	57.49%	68.18%
高收入	2.67%	22.22%	27.80%	48.39%	17.81%	4.55%

图 10-3　金桥和莘庄不同轨道交通服务水平地区(三类)各收入阶层分布

10.2　常规公共交通与碳排放

公交站点数和公交线路数反映了小区周边的常规公交服务程度,其中公交站点数表示该小区使用公交的方便程度,而线路数能反映到达目的地的多少,因此本书用公交站点数和公交线路数作为表示常规公共交通服务水平的指标。

从小区出入口 300 m 范围内和小区周边道路上的公交站点和公交线路等方面,来分别研究不同常规公交服务水平下居民的通勤碳排放特征。其中,公交线路分为经过市中心(如前文所述,包括上海市市中心和副中心)的公交和其他公交两类。

1. 公交站点数量

1) 300 m 范围内

统计数据表明,金桥 300 m 范围内公交站点数量越少,通勤碳排放越高。但莘庄公交站点少于 2 个时,通勤碳排放反而最低(图 10-4)。

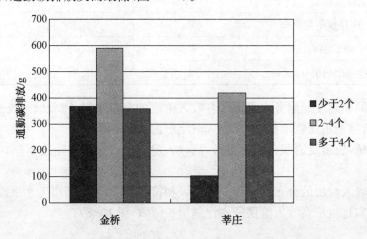

图 10-4　300 m 范围内公交站点数量与通勤碳排放

从表 10-2 可以看到,金桥 300 m 范围内公交站点数少于 2 个的小区,其居民交通方式的平均碳排放强度很高,为 136.49 g/pkm,接近小汽车的碳排放系数,说明这类地区居民使用小汽车通勤的比例非常高。由于出行方式与出行距离之间有一定的相关性,小汽车出行的距离一般较长,因此交通结构中小汽车出行比例高以及通勤距离较长是造成金桥 300 m 范围内公交站点数少于 2 个时通勤碳排放量高的原因。公交站点数为 2～4 个的小区,居民交通方式的平均碳排放强度远低于少于 2 个的地区,这可能是因为公交站点数增加后,居民使用常规公交的可能性更大,降低小汽车出行概率,从而造成通勤碳排放减少;同时也可能是因为居民收入分布不均造成。

从莘庄来看,在公交站点数少于 2 个时,其通勤距离与交通方式的平均碳排放强度均最低,说明在这类地区,小汽车出行比例可能最低。

表 10-2　　300 m 范围内公交站点数不同时两地区的通勤距离与交通碳排放强度

		少于 2 个	2～4 个	多于 4 个
碳排放量/g	金桥	2 559.12	450.03	
	莘庄	103.22	421.92	377.53
通勤距离/km	金桥	18.75	9.10	
	莘庄	7.69	11.03	9.66
平均碳排放强度 /(g·km⁻¹)	金桥	136.49	49.45	
	莘庄	13.42	38.25	39.08

从交通结构可以看到,金桥地区 300 m 范围内公交站点数增多时,小汽车出行比例下降,常规公交出行比例上升;在莘庄地区,公交站点数量增多后,小汽车出行比例上升,但常规公交出行比例先上升后下降(图 10-5)。

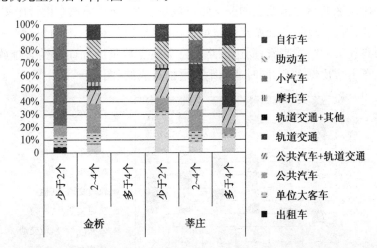

图 10-5　300 m 范围内公交站点数不同时金桥和莘庄通勤交通结构

2) 周边道路

金桥周边道路上的公交站点数与通勤碳排放之间并无明显的关系,然而莘庄周边道路上的公交站点数与通勤碳排放呈正相关趋势,站点数越多,通勤碳排放越高(图 10-6)。

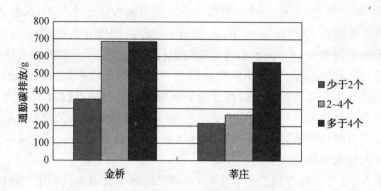

图 10-6　周边道路上公交站点数量与通勤碳排放

从表 10-3 来看,当周边道路上公交站点数量少于 2 时,金桥和莘庄的通勤距离以及交通方式的平均碳排放强度最低,说明小汽车的出行比例可能最低。

表 10-3　周边道路上公交站点数量不同时金桥和莘庄的通勤距离和平均碳排放强度

		少于 2 个	2~4 个	多于 4 个
碳排放量/g	金桥	246.05	671.54	474.83
	莘庄	177.22	353.71	672.51
通勤距离/km	金桥	6.84	11.20	8.89
	莘庄	8.73	9.32	13.65
平均碳排放强度 /(g·km⁻¹)	金桥	35.97	59.95	53.41
	莘庄	20.30	37.95	49.27

金桥和莘庄地区在周边道路上的公交站点数少于 2 个时,小汽车出行比例最低,验证了上文的分析,同时可以发现,公交站点数量增长,并非导致常规公交出行比例一定上升。

从通勤距离和交通结构来看,周边道路上公交站点数量增加而通勤碳排放量增长的原因是由于小汽车出行比例上升,同时通勤距离增加造成的(图 10-7)。

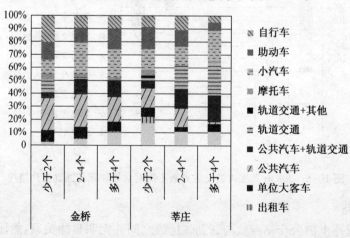

图 10-7　周边道路上公交站点数量不同时金桥和莘庄的通勤交通结构

2. 经过市中心的公交线路条数

1）300 m 范围内

金桥 300 m 范围内经过市中心的公交线路数量越多，通勤碳排放越高。莘庄当公交线路为 2～4 条时，通勤碳排放最高（图 10-8）。

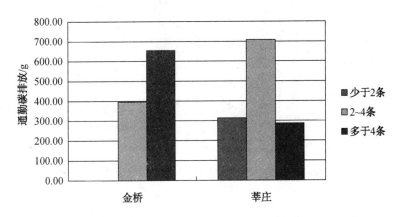

图 10-8　300 m 范围内经过市中心的公交线路数量与通勤碳排放

从表 10-4 和图 10-9 可以发现，当公交线路条数增加时，金桥地区小汽车出行比例上升，公共交通出行（包括常规公交和轨道交通）比例下降，是造成通勤碳排放量增长的原因；而对于莘庄地区，公交线路条数由少于 2 条增加到 2～4 条时，小汽车出行比例上升和常规公交出行比例下降是通勤碳排放量增长的原因。当经过市中心的线路条数多于 4 条时，莘庄地区的小汽车出行比例最低，因此导致其通勤碳排放量最低。

表 10-4　300 m 范围内经过市中心的公交线路数量不同时金桥和莘庄的通勤距离与平均碳排放强度

		少于 2 条	2～4 条	多于 4 条
碳排放量/g	金桥		396.38	660.74
	莘庄	318.31	707.52	286.83
通勤距离/km	金桥		9.49	9.08
	莘庄	9.20	14.76	10.73
平均碳排放强度 /(g·km^{-1})	金桥		41.77	72.77
	莘庄	34.60	47.93	26.73

2）周边道路

金桥和莘庄周边道路上的公交线路数量与通勤碳排放均呈现出正相关趋势（图 10-10）。

3. 其他公交线路条数

1）300 m 范围内

如图 10-11 所示，在两地区，300 m 范围内其他公交线路数量越多，通勤碳排放越高。

2）周边道路

如同 300 m 范围内其他公交线路条数与通勤碳排放之间的关系，周边道路上其他公交线路越多，居民通勤碳排放越高（图 10-12）。

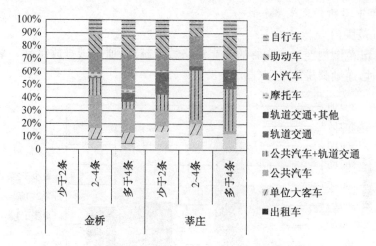

图 10-9　300 m 范围内经过市中心的公交线路条数不同时金桥和莘庄的通勤交通结构

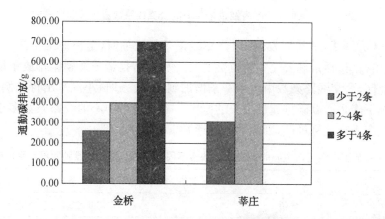

图 10-10　周边道路上经过市中心的公交线路数量与通勤碳排放

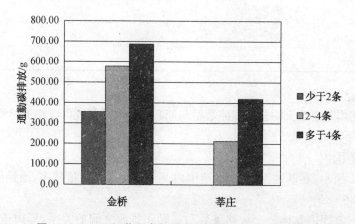

图 10-11　300 m 范围内其他公交线路数量与通勤碳排放

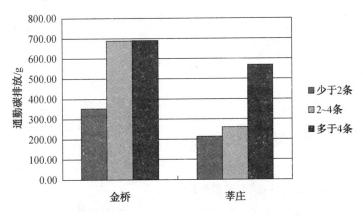

图 10-12　周边道路上其他公交线路数量与通勤碳排放

10.3　公共交通服务水平与通勤碳排放的回归分析

本章10.1和10.2节对不同轨道交通服务水平和不同常规公交服务水平的居民通勤碳排放特征进行了分析,发现轨道交通与公共交通服务水平中的一些指标与碳排放之间有一定联系,这里我们进一步采取回归分析的方法,检验公共交通服务水平与通勤碳排放之间的关系。

1. 模型选择与自变量

由于公共交通服务水平中的大部分变量和通勤碳排放均为数值变量,因此使用多元线性回归方程进行分析。

在本书第9章中,我们对社会经济属性和通勤碳排放进行了统计分析,得出社会经济属性中对通勤碳排放有显著、直接影响的是个人年收入和拥有小汽车数量,因此在这里的分析中,将其纳入自变量组中,以研究在相同收入和小汽车数量的情况下,公共交通服务水平对于通勤碳排放的影响(表10-5)。

表 10-5　　　　　　　　　　　　　　　　自变量与自变量类型

	自变量	类型	赋值
社会经济属性	年收入	离散型数值变量	1=无收入;2=少于 2 万;3=2 万～4 万;4=4 万～6 万;5=6 万～8 万;6=8 万～10 万;7=10 万以上
	拥有小汽车数量	离散型数值变量	
轨道交通服务水平	轨道交通影响范围	虚拟变量	1=为有好的轨道交通服务:距轨道交通站点 500 m 以内; 2=有轨道交通:500～2 000 m; 3=没有轨道交通:2000 m 之外
	与轨交站点接驳的公交线路	虚拟变量	

续表

自变量	类型	赋值
300 m 范围内公交站点数	离散型数值变量	
300 m 范围内经过市中心公交线路条数	离散型数值变量	
300 m 范围内其他公交线路条数	离散型数值变量	
周边道路上公交站点数	离散型数值变量	
周边道路上经过市中心公交线路条数	离散型数值变量	
周边道路上其他公交线路条数	离散型数值变量	

注:上述自变量的第一列为"常规公交服务水平"。

2. 公共交通服务水平与通勤碳排放回归分析

由于自变量中某些变量之间存在比较强的共线性,因此对轨道交通服务水平、300 m 范围内公交服务水平和周边道路公交服务水平分别进行建模,得到模型 1、2、3。回归分析如表 10-6 和表 10-7 所示。

表 10-6　　　　金桥公共交通服务水平与通勤碳排放的回归分析结果

变量	模型 1		模型 2		模型 3	
修正 R^2	0.323		0.328		0.329	
F 检验值	118.371(Sig=0.000)		96.859(Sig=0.000)		97.255(Sig=0.000)	
变量	系数	Sig.	系数	Sig.	系数	Sig.
年收入	0.299	0.000**	0.298	0.000**	0.279	0.000**
小汽车	0.361	0.000**	0.352	0.000**	0.342	0.000**
轨道交通影响范围	0.472	0.637				
公交接驳轨交站点线路数	−0.278	0.781				
300 m 范围内公交站点			−0.051	0.059*		
300 m 范围内经过市中心公交线路			0.063	0.069*		
300 m 范围内其他公交线路			−0.028	0.413		
周边道路上公交站点					−0.138	0.003**
周边道路上经过市中心公交线路					0.165	0.009**
周边道路上其他公交线路					−0.030	0.455

表 10-7　　　莘庄公共交通服务水平与通勤碳排放的回归分析结果

变量	模型 1		模型 2		模型 3	
修正 R^2	0.324		0.323		0.329	
F 检验值	49.963(Sig=0.000)		39.976(Sig=0.000)		41.166(Sig=0.000)	
变量	系数	Sig.	系数	Sig.	系数	Sig.
年收入	0.275	0.000**	0.284	0.000**	0.272	0.000**
小汽车	0.421	0.000**	0.416	0.000**	0.411	0.000**
轨道交通影响范围	−0.023	0.632				
公交接驳轨交站点线路数	−0.008	0.868				
300 m 范围内公交站点			0.032	0.502		
300 m 范围内经过市中心公交线路			−0.001	0.986		
300 m 范围内其他公交线路			−0.001	0.991		
周边道路上公交站点					0.003	0.963
周边道路上经过市中心公交线路					0.066	0.135
周边道路上其他公交线路					0.047	0.393

从金桥和莘庄的回归分析结果可以看到：

1）轨道交通服务水平

（1）是否在轨道交通影响范围内。

在金桥,是否在轨道交通影响范围内对于居民通勤碳排放的影响比较不显著,说明轨道交通对居民通勤碳排放没有影响。在莘庄也是同样的结论。

前文对于轨道交通影响范围内和无轨交地区各收入阶层通勤方式的研究表明,对于莘庄中、高等收入居民而言,轨道交通服务水平的提升,主要吸引的客流来自于使用非机动交通的通勤者。说明轨道交通服务水平的提升,只有当吸引的客流主要来自于使用其他机动交通方式的居民,才可以降低通勤碳排放。

（2）公交接驳轨交站点线路条数。

在金桥和莘庄,公交接驳轨交站点线路条数增加能显著提高使用轨道交通通勤的概率,但对于减少通勤碳排放没有显著作用。

（3）公交站点。

在金桥,300 m 范围内公交站点数和周边道路上公交站点数对通勤碳排放均有显著影响,且影响系数为负值,说明增加小区附近公交站点数能降低居民的通勤碳排放。

对莘庄而言,无论是 300 m 范围内或周边道路上公交站点数对于通勤碳排放均无显著影响。

（4）经过市中心的公交线路。

金桥地区,300 m 范围内和周边道路上经过市中心的公交线路条数对于通勤碳排放均有显著影响,影响值为正,说明经过市中心的公交线路条数增加后,居民通勤碳排放增加。在莘庄,经过市中心的公交线路条数与通勤碳排放之间并无显著关系。说明在小区附近增加经过市中心的公交线路并不能降低居民通勤碳排放,相反还有可能增加碳排放。

(5)其他公交线路

对于金桥和莘庄,无论是 300 m 范围内或周边道路上的其他公交线路,对于居民通勤碳排放均无显著影响,说明从降低居民通勤碳排放的角度而言,增加小区附近其他公交线路并无实质作用。

10.4 建成环境及其他要素与通勤的碳排放

对金桥和莘庄地区碳排放影响因素的研究表明:性别、年龄(24~54 岁年龄段显著,其余年龄段不显著)、年收入及家庭拥有小汽车数量对碳排放量的影响在金桥和莘庄均十分显著;公共交通服务水平中,是否位于轨道交通影响范围及公交站点和经过市中心公交线路条数在金桥地区为显著变量。在莘庄,公共交通服务水平中的各项因素均不显著;容积率在两地区均显著。考虑到各种不同要素的相互作用,在这里我们将建成环境变量,社会经济属性和公共交通服务特征等一并加以研究。同时也为了简化模型,我们将在分析中有明显影响变量纳入回归模型(表 10-8)。

表 10-8 自变量类型与赋值

	类型	赋值
是否为金桥	虚拟变量	1=金桥;0=莘庄
通勤距离	连续变量	
男性	虚拟变量	1=男性;0=女性
青壮年(24~54 岁)	虚拟变量	1=青壮年;0=其他
年收入	连续变量	
是否拥有小汽车	虚拟变量	1=拥有小汽车;0=不拥有小汽车
是否在轨道交通建成后入住	虚拟变量	1=在轨道交通建成后入住(金桥为 2000 年以后,莘庄为 1995 年以后);0=轨道交通建成前入住
是否在轨道交通影响范围内	虚拟变量	1=在轨道交通影响范围内;0=无轨道交通
300 m 范围内公交站点	连续变量	
容积率	连续变量	

通过回归分析我们发现(表 10-9),影响碳排放的主要因素是通勤距离、年收入、小汽车的拥有及容积率。所以,规划应该采取有效的措施,避免过长的出行距离,同时在规划中也要严格城市发展对小汽车的依赖性。轨道交通的建设对改善绿色低碳交通有一定的作用,如果能够与交通需求管理,控制小汽车过度使用的其他措施相结合,其作用将更加明显。反之,如果仅仅依赖轨道交通实现绿色低碳交通的发展目标就会比较困难。

表 10-9　　　　　　　　　　通勤碳排放影响因素的回归分析结果

	非标准化系数	标准化系数	显著性
	B	Beta	
是否为金桥	34.722	0.012	0.654
通勤距离	51.349	0.464	0.000
男性	123.777	0.064	0.003
青壮年	89.084	0.035	0.096
年收入	98.423	0.135	0.000*
是否拥有小汽车	790.500	0.382	0.000
是否在轨道交通建成后入住	30.246	0.014	0.499
是否在轨道交通影响范围内	4.341	0.002	0.929
300 m 范围内公交站点	−35.668	−.038	0.146
容积率	−78.986	−.052	0.033

综上所述,通过对金桥和莘庄不同公共交通服务水平下人群的通勤碳排放进行了研究,可以发现:公共交通对于碳排放的影响是复杂的,公共交通不一定能够带来碳排放量的显著减少,必须辅以综合的城市管理手段。

(1)轨道交通服务水平的提高,对于中高等收入的居民使用轨道交通通勤的影响较大,对于低收入人群通勤方式的转变并无明显影响。

(2)轨道交通服务水平提高后,居民使用轨道交通通勤的可能性确实显著增加,但是并不一定能减少居民通勤碳排放。只有当轨道交通吸引的客流主要来自于使用机动交通通勤的居民,通勤碳排放才会降低。

(3)规划应该采取有效的措施,避免过长的出行距离,同时在规划中也要严格城市发展对小汽车的依赖性。